MATERIALIEN FÜR DEN SEKUNDARBEREICH II
PHILOSOPHIE

# Wissenschaft und Alltag

Ekkehard Martens

Schroedel Schulbuchverlag

MATERIALIEN FÜR DEN SEKUNDARBEREICH II
PHILOSOPHIE

Wissenschaft und Alltag

Herausgegeben von
Ekkehard Martens

ISBN 3-507-**10249**-8

© 1986 Schroedel Schulbuchverlag GmbH, Hannover

Alle Rechte vorbehalten.
Die Vervielfältigung und Übertragung auch einzelner Textabschnitte, Bilder oder Zeichnungen ist – mit Ausnahme der Vervielfältigung zum persönlichen und eigenen Gebrauch gemäß §§ 53, 54 URG – ohne schriftliche Zustimmung des Verlages nicht zulässig. Das gilt sowohl für die Vervielfältigung durch Fotokopie oder irgendein anderes Verfahren als auch für die Übertragung auf Filme, Bänder, Platten, Arbeitstransparente oder andere Medien.

Druck A $^{5\,4\,3\,2}$ / Jahr 1990 89 88
Alle Drucke der Serie A sind im Unterricht parallel verwendbar.
Die letzte Zahl bezeichnet das Jahr dieses Druckes.

Gesamtherstellung: Konkordia Druck GmbH, Bühl/Baden

# Inhaltsverzeichnis

| | | | |
|---|---|---|---|
| 0 | Vorbemerkungen | | 5 |
| 0.1 | Zum Konzept des Kurses | | 5 |
| 0.2 | Zur Benutzung des Heftes | | 8 |

## Textmaterial

| | | | |
|---|---|---|---|
| 1 | Verwissenschaftlichung des Alltags – ein Fortschritt? | | 10 |
| 1.1 | Zeit für Träume | *V. Renčin:* Zeit für Träume | 10 |
| 1.2 | Die große Erneuerung der Wissenschaften – »Zur Wohltat und zum Nutzen fürs Leben« | *F. Bacon:* Das Neue Organon | 11 |
| 1.3 | Die Große Akademie von Lagado | *J. Swift:* Gullivers Reisen | 16 |
| 1.4 | Alltagsbewältigung durch unsere Vorfahren – und weshalb wir uns heute so schwer damit tun | *A. E. Imhof:* Die verlorenen Welten: Alltagsbewältigung durch unsere Vorfahren – und weshalb wir uns heute so schwer damit tun | 22 |
| 1.5 | Wissenschaftliches und lebensweltliches Wissen am Beispiel der Verwissenschaftlichung der Geburtshilfe | *G. Böhme:* Wissenschaftliches und lebensweltliches Wissen am Beispiel der Verwissenschaftlichung der Geburtshilfe | 26 |
| 1.6 | Von privaten Spülmaschinen und öffentlichen Kraftwerken. Sechs notwendige Einwände gegen die rot-grüne Technikfeindschaft | *H. Lübbe:* Von privaten Spülmaschinen und öffentlichen Kraftwerken. Sechs notwendige Einwände gegen die rot-grüne Technikfeindschaft | 28 |
| 1.7 | Unter welchen Umständen kann man noch von Fortschritt sprechen? | *R. Spaemann:* Unter welchen Umständen kann man noch von Fortschritt sprechen? | 33 |
| 2 | Was ist und wie entsteht Wissenschaft? | | 37 |
| 2.1 | Das Experiment | *B. Brecht:* Das Experiment | 37 |
| 2.2 | Alltagsverstand und Kritik. Zur Kübeltheorie und Scheinwerfertheorie der Erkenntnis | *K. R. Popper:* Objektive Erkenntnis | 44 |

| | | | |
|---|---|---|---|
| 2.3 | Die Aufgabe der Wissenschaft | *K. R. Popper:* Objektive Erkenntnis | 47 |
| 2.4 | Erklären und Verstehen. Bemerkungen zum Verhältnis von Natur- und Geisteswissenschaften | *G. Patzig:* Erklären und Verstehen. Bemerkungen zum Verhältnis von Natur- und Geisteswissenschaften | 50 |
| 2.5 | Der chinesische Beitrag zu Wissenschaft und Technik | *J. Needham:* Der chinesische Beitrag zu Wissenschaft und Technik | 62 |
| 3 | Was soll Wissenschaft? | | 66 |
| 31. | Das Wissen vom Guten | *Platon:* Charmides | 66 |
| 3.2 | Das Glück der reinen Theorie | | |
| | A | *Aristoteles:* Metaphysik | 68 |
| | B | *Aristoteles:* Nikomachische Ethik | 70 |
| 3.3 | Wissenschaft als Beruf | *M. Weber:* Wissenschaft als Beruf | 71 |
| 3.4 | Inwiefern auch wir noch fromm sind | *F. Nietzsche:* Die fröhliche Wissenschaft | 74 |
| 3.5 | Wege zum Frieden mit der Natur | *K. M. Meyer-Abich:* Wege zum Frieden mit der Natur | 76 |
| 3.6 | Wissenschaft und Menschheitskrise | *C. F. von Weizsäcker:* Wissenschaft und Menschheitskrise | 80 |

| | |
|---|---|
| Informationen und Arbeitsvorschläge | 86 |
| Literaturhinweise und Quellenverzeichnis | 120 |
| Register | 125 |

# 0. Vorbemerkungen

## 0.1 Zum Konzept des Kurses

Mindestens drei plausible Gründe lassen sich anführen, über Wissenschaft weiter nachzudenken. *Erstens* durchdringen Wissenschaft und die von ihr hervorgebrachte Technik den Alltag von uns allen – mit Wissenschaft haben es keineswegs nur die Wissenschaftler und Wissenschaftstheoretiker zu tun. Kaum ein Bereich unseres täglichen Lebens ist nicht wissenschaftlich erforscht, geprüft und abgesichert: die Geburt, die Ernährung, die Erziehung, die Wirtschaft, die Rüstung, die Medizin, die Verwaltung, die Politik. Die Beispiele ließen sich beliebig vermehren. Wir alle wissen die Vorzüge des wissenschaftlich-technischen Fortschritts zu schätzen oder machen zumindest in unserem privaten und öffentlich-politischen Alltag ausgiebigen Gebrauch von ihnen. Andererseits kann niemand die Nachteile, die mit diesem Fortschritt auch verbunden sind, übersehen, wenn man sie auch recht unterschiedlich einschätzen mag. Hochrüstung, Kernkraftwerkunfälle, Umweltzerstörung, Grenzen des Wachstums, Entmündigung durch Expertenwissen, Traditions- und Sinnverlust, Anonymisierung und Bürokratisierung unseres Lebens sind nur einige der bekannten Schlagworte oder Tatsachen. Wissenschaft ist für uns offensichtlich zu einem Problem geworden: wir können oder wollen nicht auf sie verzichten, sind aber wegen ihrer möglichen nachteiligen Folgen für unser Leben zu einem besseren Umgang mit ihr gezwungen oder müssen über eine bessere Wissenschaft nachdenken. Daher können wir uns weder eine blinde Ablehnung noch eine blinde Verherrlichung der Wissenschaft leisten. Auch wenn im persönlichen Leben einzelner eher Musik, Dichtung, Religion oder andere Werte im Vordergrund stehen mögen, bleibt doch jeder von uns von den »Lebensbedingungen der wissenschaftlich-technischen Welt« (Carl Friedrich von Weizsäcker) abhängig. Ein Nachdenken über diese problematisch gewordenen Lebensbedingungen ist kein bloßer Luxus oder Sache einer Geistes-Elite, wenn wir uns jedenfalls nicht darauf verlassen wollen, daß schon alles gut gehen wird oder daß es die Experten, die Politiker schon machen werden, oder wenn wir nicht resignieren wollen, daß alles sowieso keinen Zweck hat oder wir selber ohnehin nichts ändern können.
*Zweitens* gibt uns die »Wissenschaftspropädeutik« der Schulfächer genügend Stoff zum Nachdenken. Zumindest unterschwellig stehen sich in jeder Klasse oder in jedem Kurs die »harten« Computer-Freaks und Naturwissenschaftler auf der einen Seite und die »Softies« mit Vorliebe für Literatur, Kunst, Meditation oder Religion auf der anderen Seite gegenüber. Oft geht die Trennungslinie mitten durch den einzelnen hindurch, schizophren, oder berührt seine Interessen überhaupt nicht. Dennoch sollen (fast) alle Fächer gleichermaßen wissenschaftliche Methoden vermitteln, auch im Hinblick auf die Studierfähigkeit, und zwar die natur- und die geisteswissenschaftlichen Fächer. Was ist dabei aber unter Wissenschaft zu verstehen? Welche Rolle sollte sie im Bildungssystem, in unserem persönlichen Leben spielen? Ob man nun später studieren will oder nicht, für jeden Schüler (und Lehrer), der es in seinem Schulalltag und in seinem sonstigen Leben unausweichlich

mit Wissenschaft zu tun hat, ist eine Auseinandersetzung mit ihren Ansprüchen und Möglichkeiten erforderlich, sofern er oder sie sich nicht einfach etwas »vorsetzen« lassen oder Spielball anonymer Mächte sein will.

*Drittens* sollten wir bei allem konkreten Problembezug nicht vergessen, daß Wissenschaft einfach Spaß machen kann, daß etwa die Computerwissenschaften, die Gen- oder Weltraumforschung ständig neue, faszinierende Entdeckungen machen, und wir können nicht leugnen, daß die Wissenschaft zu den großen Leistungen des menschlichen Geistes zählt. Auch deshalb lohnt es sich nachzudenken, was wir eigentlich tun, wenn wir Wissenschaft treiben. Was ist etwa ein wissenschaftliches Gesetz? Was heißt es, etwas wissenschaftlich zu beweisen? Was können wir wirklich erkennen, auch auf nicht-wissenschaftliche Weise? Von der Frage, was wir tun, ist jedoch die Frage, wozu oder zu welchen Zwecken wir es tun, nicht zu trennen. Wissenschaft mag für den einzelnen das schönste Hobby oder höchste geistige Tätigkeit bedeuten. Ihrer realen Rolle in unserer Welt wird man dabei jedoch nicht gerecht, und auch besteht das Leben ja nicht nur aus Wissenschaft.

Es gibt also durchaus verschiedene Gründe oder Motive, über Wissenschaft nachzudenken, und alle sind miteinander verwoben. Wissenschaft ist ein zu komplexes Gebiet, als daß man es durch Schubladendenken oder durch enge Fachgrenzen angemessen verstehen und auf theoretische Aspekte beschränken könnte. Für einen interdisziplinären Zugriff und die notwendige Theorie-Praxis-Vermittlung werden daher im vorliegenden Kurs Texte aus unterschiedlichen Bereichen oder Disziplinen angeboten: aus der Wissenschaftsphilosophie, -theorie, -geschichte und -soziologie, sowie aus der Geschichte der Philosophie, Geschichts- und Politikwissenschaft. Dabei können oft nur Anregungen gegeben und müssen Einzelheiten ausgespart werden. Die größere Gefahr scheint aber zu sein, den Zusammenhang der Probleme nicht in den Blick zu bekommen oder das Nachdenken über Wissenschaft selbst wieder zu einer Sache wissenschaftlicher Experten zu machen, wie es in manchen wissenschaftstheoretischen Arbeiten der Fall zu sein scheint. Daher wurde bei der Auswahl der Texte auf Verständlichkeit und Konkretheit besonderer Wert gelegt, auch bei den wissenschaftstheoretischen Texten im engeren Sinne. Besonders hilfreich sind hier die literarischen Texte, die durchaus philosophischen Gehalt haben oder zumindest zum Philosophieren anregen können. Freilich kann die Forderung nach Verständlichkeit und Konkretheit nicht bedeuten, daß Nachdenken immer leicht sein müsse und nie abstrakt werden dürfe – oft muß man recht weit ausholen, um das Konkrete in seinem »Zusammenwuchs« zu verstehen und es nicht von seinen mannigfaltigen Bezügen »abzuziehen«. Erst recht kann man nicht auf Informationen und Sachkenntnisse als notwendige Hilfsmittel für eigenständiges Denken verzichten. Die angesprochenen Gründe oder Motive einer reflexiven Beschäftigung mit Wissenschaft sind so miteinander verbunden, daß sie nicht nacheinander aufgegriffen werden können, sondern erst im gesamten Kurs zum Tragen kommen.

Entschließt man sich zu einem Vorgehen, das unsere konkreten, aktuellen Probleme mit der Wissenschaft klären möchte, so ist es sinnvoll, *zunächst* den Fragen nachzugehen, worin die »Verwissenschaftlichung des Alltags« besteht und inwiefern darin ein »Fortschritt« liegt. Als Einstieg für den ersten Teil kann der Kontrast zwischen den Möglichkeiten der modernen Computergesellschaft (Renčin) und

Francis Bacons 1620 geäußerten Hoffnungen auf die neuzeitliche Wissenschaft dienen, zusammen mit den eigenen Beobachtungen, Überlegungen und Fragen der Kursteilnehmer. Die historische Entwicklung zur gegenwärtigen Situation hin wird außer durch Bacon auch durch die bald einsetzende Kritik am Fortschrittsglauben sichtbar (Swift), erst recht, wenn wir unsere eigene Alltagsbewältigung mit der in früheren Zeiten ohne Wissenschaft vergleichen (Imhof). Welche Vor- und Nachteile uns die Wissenschaft gebracht hat, kann man an einem konkreten Beispiel überlegen, etwa an der Hebammenkunst versus klinischer Entbindung (Böhme), oder man kann die Frage in der Auseinandersetzung mit den politisch-ideologischen Argumenten gegenwärtiger Wissenschafts- und Technikfeindlichkeit diskutieren (Lübbe). Vor- und Nachteile der Wissenschaft lassen sich nicht ohne Kriterien klären, was dabei unter Fortschritt verstanden werden soll (Spaemann).
Im ersten Teil, besonders bei Bacon, wird bereits angedeutet, daß es besonders die neuzeitliche Wissenschaft ist, die in unser Leben verändernd eingreift, ob positiv oder negativ. Daher soll im *zweiten* Teil untersucht werden, wie diese Wissenschaft beschaffen ist und wie sich ihre Entstehung historisch und bezogen auf das Alltagshandeln erklären läßt. Brechts Erzählung ›Das Experiment‹ illustriert am Beispiel Bacons und des Jungen Dick, welche Widerstände die neue wissenschaftliche Haltung im Alltag zu überwinden hatte und welche Hoffnungen für ein besseres Leben an sie geknüpft waren; auch lassen sich an diesem Beispiel bereits einige Merkmale der experimentellen Methode ablesen und ethische Fragen diskutieren. Insgesamt eignet sich der Text gut zu einer selbständigen Erarbeitung einiger elementarer wissenschaftstheoretischer Begriffe. Poppers ausdrücklich wissenschaftstheoretischer Text erläutert die Entstehung der kritischen, wissenschaftlichen Methode aus dem Alltagsverstand und aus dem griechischen Mythos und legt als Aufgaben der Wissenschaft Erklärung, Prognose und Anwendung dar. Diese Aufgaben findet man noch genauer in Patzigs ausführlichem Text ›Erklären und Verstehen‹ anhand des »H-O-Modells« erklärt; vor allem aber können seine Ausführungen dazu dienen, das Verhältnis von Natur- und Geisteswissenschaften zu erhellen. Auf die sozialen und ökonomischen Entstehungsursachen der neuzeitlichen (Natur-)Wissenschaften geht Needham näher ein, indem er die Entwicklung der chinesischen Wissenschaft mit der europäischen vergleicht.
Wenn das Faktum des verwissenschaftlichten Alltags und das zugrundeliegende Wissenschaftsmodell zumindest in groben Zügen geklärt ist, bleibt im *dritten* Teil noch zu überlegen, wie wir mit der Wissenschaft besser umgehen oder eine bessere Wissenschaft denken können. Eine Kritik an einer Herrschaft des Wissens ohne Bezug auf »das Gute« findet man bereits bei Platon. Während die griechische Antike davon ausging, daß wir in der reinen Wissenschaft oder Theorie eine Orientierung für unser Handeln durch die »Schau« der göttlichen Harmonie im Kosmos gewinnen können (Aristoteles), klammert die neuzeitliche Wissenschaft normative oder Wertfragen aus und beschränkt sich auf methodische Hilfen der Klarheit für unser Handeln (Weber). Auch in dieser Beschränkung glaubt Nietzsche noch einen Überrest des platonisch-christlichen Pathos einer göttlichen Wahrheit zu erkennen, die er als »Lüge« bezeichnet. Dennoch bleibt in unserer Situation die Frage bestehen, wie wir besser mit dem Faktum der Wissenschaft umgehen oder eine bessere Wissenschaft denken können – einen grenzenlosen Relativismus oder Anarchismus im Er-

kennen und Handeln können wir uns nicht erlauben. Besonders die Umweltzerstörung fordert zu einem Nachdenken heraus, wie wir einen »Frieden mit der Natur« finden und die Trennung von Natur- und Geistes- bzw. Sozialwissenschaften überwinden können (Meyer-Abich). Auch Carl Friedrich von Weizsäcker führt die gegenwärtige »Menschheitskrise« auf die neuzeitliche Wissenschaft als eine ihrer Ursachen zurück und zeigt einen Weg, wie die in ihr angelegte Trennung von Theorie und Praxis oder Methodensicherheit und Handlungsunsicherheit aufzuheben wäre. Sein Schlußbeitrag könnte auch als Ausgangstext des gesamten Kurses oder als Hauptquelle genutzt werden, zusätzlich mit einigen Nebentexten zur Erläuterung.

Insgesamt kann der hier vorgelegte Kurs nur einige Hilfen und Anregungen zur selbständigen Arbeit der jeweiligen Lerngruppe bieten. Auch ist er in seiner Akzentuierung und Ausführung Ausdruck der eigenen Arbeit an Schule und Universität, nicht zuletzt verdankt er vieles der Zeit an Weizsäckers Starnberger »Max-Planck-Institut zur Erforschung der Lebensbedingungen der wissenschaftlich-technischen Welt«. Der Hinweis auf die eigene Lerngeschichte bedeutet sicher Abschiednehmen von der Vorstellung, objektiv gültige Lernziele und Lerninhalte präsentieren zu können. Er hat aber keinen Subjektivismus zur Folge, sondern ist Ausdruck von Intersubjektivität, einer gemeinsamen Problem- und Dialoggemeinschaft. Somit versteht sich der Kurs als Dialogangebot, über die dargelegten Probleme in der eigenen Lerngruppe nachzudenken.

## 0.2 Zur Benutzung des Heftes

Das Heft gliedert sich in drei Teile:
– *Textmaterial:* Die Texte sind in einem geschlossenen Teil ohne Kommentar abgedruckt. Auch bei Benutzung der Arbeitsvorschläge kann entweder mit der Textlektüre begonnen werden oder eine textunabhängige Sacherörterung vorausgehen. Nach den Bedingungen der jeweiligen Arbeitsgruppe sollte eine Auswahl aus dem Textmaterial getroffen werden. Die Textzusammenstellung ist problemorientiert; alternative Standpunkte sind, soweit sie für die behandelte Problematik wichtig sind, berücksichtigt. Zwar steht nicht die Interpretation von Texten und von Meinungen der Autoren, sondern die Sachdiskussion im Vordergrund; eine gute Voraussetzung dazu ist jedoch die sorgfältige Erarbeitung der im Text vermittelten Erkenntnisse und Auffassungen der Autoren als Diskussionspartnern für die Bildung der eigenen Urteilskraft.
– *Informationen und Arbeitsvorschläge:* Die *Informationen* zum Textmaterial und zu den Arbeitsvorschlägen werden in zweifacher Hinsicht gegeben:
Zu den vorgelegten Texten selbst (zum Autor, zu dessen Werk, zum Kontext); ferner zu möglichen anderen Gesichtspunkten des Textes oder zu ähnlichen bzw. alternativen Texten (etwa in Form kommentierter Literaturangaben).
Durch beide Arten von Angaben sollen Änderungsmöglichkeiten in der Akzentuierung der Textauswahl und der Arbeitsvorschläge angeboten werden. Zusätzliche Informationen können durch Lexika, Philosophiegeschichten und Einführungen in die Philosophie gewonnen werden.

Den Informationen zu jedem Text sind *Arbeitsvorschläge* angegliedert. Sie sollen das eigene Fragen nur erleichtern, nicht abnehmen. Zusätzliche oder alternative Vorschläge seitens der Kursteilnehmer sind für den Kursverlauf unerläßlich, vor allem die »ganz dummen Fragen«. Den Arbeitsvorschlägen sind einige generelle Hinweise zur Textbearbeitung vorangestellt. Die Arbeitsvorschläge sind nicht nach einem starren Schema angeordnet, sondern den Erfordernissen des jeweiligen Textes angepaßt. Sie lassen sich nach drei Gruppen unterscheiden:

1. Arbeitsvorschläge, die das Vorverständnis der Kursteilnehmer zu dem im Text angesprochenen Problem klären helfen. Sie sollen zur sachlichen Auseinandersetzung anregen und die Formulierung von Diskussionszielen ermöglichen.

2. Arbeitsvorschläge, die der problembezogenen Textinterpretation dienen. Dazu gehören auch die Vorschläge, durch die für die Textarbeit unerläßliche Techniken der Interpretation eingeübt werden.

3. Arbeitsvorschläge zur Diskussion. Sie haben den Sinn, die im Text enthaltenen Thesen zu problematisieren, zu einer über den Text hinausführenden Diskussion anzuregen und ein eigenes, begründetes Urteil zu ermöglichen.

Nicht alle Fragen müssen beantwortet werden; eine Auswahl ergibt sich aus dem individuellen Kursverlauf, auch der Grad der Ausführlichkeit der Antworten. Vorschläge für besonders intensives Arbeiten, nicht notwendig nur für Leistungskurse, sind durch ein * gekennzeichnet.

– *Literaturhinweise und Register:* Die kommentierten *Literaturhinweise* sind als Hilfe gedacht, die Auseinandersetzung mit dem Gesamtthema des Kurses durch weitere Lektüre zu vertiefen, auch als Anregung für Referate. Hier sei ferner verwiesen auf die im Rahmen der Informationen zu den einzelnen Texten gegebenen Literaturhinweise. Das *Register* erläutert Fremdwörter, Eigennamen und Fachtermini, soweit sie nicht aus dem Textzusammenhang hervorgehen.

# Textmaterial

## 1 Verwissenschaftlichung des Alltags – ein Fortschritt?

### 1.1 Zeit für Träume

*Vladimir Renčin:* Zeit für Träume

## 1.2 Die große Erneuerung der Wissenschaften – »zur Wohltat und zum Nutzen fürs Leben«

*Francis Bacon:* Das Neue Organon

Vorrede

[ ... ]
Endlich will ich alle samt und sonders erinnern, die wahren Ziele der Wissenschaft zu bedenken; man soll sie nicht des Geistes wegen erstreben, nicht aus Streitlust, nicht um andere gering zu schätzen, nicht des Vorteiles, des Ruhmes, der Macht oder ähnlicher niederer Beweggründe wegen, sondern zur Wohltat und zum Nutzen fürs Leben; in Liebe sollen sie es vollenden und leiten. Denn aus Begierde nach Macht sind die Engel gefallen, aus Begierde nach Wissen die Menschen; aber in der Liebe gibt es kein Zuviel; weder ein Engel noch ein Mensch kommt durch sie in Gefahr.
Meine Forderungen, die ich stelle, sind folgende: Von mir selbst schweige ich; um der Sache willen aber, die erörtert wird, bitte ich, daß die Menschen sie nicht für eine vorgefaßte Meinung halten, sondern als ein ernstes Werk anerkennen und sich überzeugen, daß ich nicht Grundlagen für irgendeine Sekte oder Lehrmeinung erstrebe, sondern Nutzen für die Größe der Menschheit suche. Hernach möge man, wie es der eigene Nutzen erheischt, den Eifer für Meinungen und Vorurteile ablegen und gemeinschaftlich beratschlagen. Wenn man sich dann durch meinen Schutz und meine Hilfe von den Irrwegen und Hindernissen richtig befreit hat, möge man sich an den verbleibenden Arbeiten ernsthaft beteiligen. Weiterhin mag man guter Hoffnung sein und meine Erneuerung der Wissenschaften nicht als etwas Unendliches und Übermenschliches sich vorstellen und dafür halten. Sie ist doch in Wahrheit das Ende und die rechtmäßige Grenze des unendlichen Irrtums. Aber sie soll nicht vergessen lassen, daß wir sterbliche Menschen sind, sie denke daher gar nicht daran, das Werk könne im Laufe eines Lebens vollendet werden, sondern überlasse dies der Nachwelt. So suche niemand die Wissenschaft vermessen in den Zellen des menschlichen Geistes, sondern bescheiden in der größeren Welt. Das Eitle pflegt meist riesig groß, das wirklich Wertvolle stark zusammengedrängt und im kleinen enthalten zu sein. Endlich scheint auch noch erstrebenswert zu sein – damit nicht etwa jemand zum Schaden der Sache mich ungünstig beurteile –, daß man wohl zusehe, inwiefern man nach dem, was ich zu behaupten für nötig halte – wenn ich mir selbst treu bleiben will –, sich berechtigt fühlen kann, über mein Vorhaben zu urteilen oder zu richten. Denn ich verwerfe gänzlich jenen vorzeitigen, voreiligen und sich von den Dingen unbesonnen und zu früh entfernenden menschlichen Verstand da, wo es um die Erforschung der Natur geht, als ein schwankendes, verwirrtes und schlecht betriebenes Unterfangen. Niemand verlange doch, daß man sich dem Urteile der Untersuchung füge, die selbst vor Gericht geladen ist. [ ... ]
[ ... ]
Folgendes kann eintreten: daß die Menschen, ohne danach zu suchen und während sie sich mit anderem beschäftigen, trotzdem viel Nützliches gleichsam zufällig oder gelegentlich entdecken können. Dann kann es niemandem zweifelhaft sein, daß

man gewiß viel mehr entdecken wird, wenn dieselben Menschen absichtlich danach suchen und sich damit methodisch und geordnet ohne Hast beschäftigen. Mag es auch immerhin dann und wann eintreten, daß jemand, vom Schicksal begünstigt, zufällig auf etwas stößt, was dem mit großer Anstrengung und Fleiß Forschenden vorher entgangen ist, so darf doch alles in allem genommen das Entgegengesetzte als Regel gelten.

Daher kann man von der Vernunft, dem Fleiß, der klaren Richtung und Absicht der Menschen weit mehr und Besseres und in kürzeren Zeiträumen erwarten, als vom Zufall, vom tierischen Instinkt und dergleichen, worin bisher die Erfindungen ihren Ursprung hatten.

109.

Auch der Umstand kann zu Hoffnung leiten, daß einige der bisherigen Erfindungen der Art sind, daß es vor ihrer Erfindung kaum jemandem in den Sinn gekommen wäre, darüber überhaupt nur Vermutungen anzustellen. Er hätte derartiges als unmöglich abgetan. Den Menschen ist es nämlich eigen, über Neues nach dem Beispiel des Alten und gemäß ihrer danach gebildeten und getrübten Phantasie zu schwätzen. Diese Art des Mutmaßens ist aber äußerst trügerisch, da ja vieles, was sich aus den Quellen der Dinge schöpfen läßt, nicht in dem bekannten Bächlein fließt.

Hätte z. B. jemand vor Erfindung der Feuerwaffen sie nur nach ihren Wirkungen beschrieben und in folgender Weise gesprochen: Es sei etwas erfunden worden, wodurch aus weiter Entfernung Mauern und selbst die stärksten Festungswerke durchbohrt und zerstört werden könnten, so würden die Menschen über die Kräfte der Vorrichtungen und Maschinen viel und mannigfaltig nachgedacht haben, um die Wirkung durch Gewichte, Räder, durch Stoß- und Antriebsvorrichtungen zu erhöhen. Auf einen feurigen Luftstrom aber, der sich plötzlich und gewaltig ausdehnt und aufbläht, würde kaum einer in seiner Einbildung oder Phantasie gekommen sein, hatte man ja ein irgendwie ähnlich geartetes Beispiel nie gesehen, es sei denn beim Erdbeben oder Blitz, die aber – unnachahmliche Großtaten der Natur – außerhalb menschlicher Fähigkeit liegen.

Hätte in gleicher Weise jemand vor Entdeckung der Seide gesagt, man habe eine Art Faden entdeckt, der zu Kleidern und anderen Gebrauchsgegenständen tauglich sei, darüber aber den leinenen und wollenen Faden an Feinheit und Festigkeit wie auch an Glanz und Weichheit weit überträfe, die Menschen hätten sogleich an irgendeine Pflanzenfaser, an das viel feinere Haar eines Tieres oder an die Federn und den Flaum der Vögel gedacht, aber auf das Gewebe eines kleinen Wurmes, das sich jährlich in solcher Menge neu bildet, wäre gewiß niemand gekommen. Hätte auch jemand ein Wort von solch einem Wurm fallenlassen, wie wäre er verspottet worden, da er von neuen Werken der Spinnen träume.

Hätte ebenso jemand vor der Erfindung des Kompasses erzählt: es sei ein Instrument erfunden worden, durch welches die Richtungen und Punkte des Himmels exakt erkannt und unterschieden werden können, so wären die Menschen sogleich der Verfertigung der feinsten astronomischen Instrumente nachgegangen und hätten in der Hitze ihrer Phantasie vieles und mancherlei ausgedacht, es wäre aber als ganz und gar unglaublich erschienen, daß etwas gefunden werden könne, dessen

Bewegung mit der des Himmels so gut zusammenstimme und dabei doch nicht zu den himmlischen Dingen gehöre, sondern nur aus einem steinernen oder metallischen Stoff bestehe. Dennoch ist dies und ähnliches, das so lange Zeit hindurch den Menschen verborgen war, weder durch die Philosophie noch durch die rationalen Künste, sondern durch Zufall und bei Gelegenheit entdeckt worden, und es gehört zu dem, was, wie bereits erwähnt, von dem bisher Bekannten völlig verschieden war und ihm so fern stand, daß irgendein bloßer Begriff niemals hätte hinführen können.

Daher ist durchaus zu hoffen, daß die Natur in ihrem Schoße noch viele kostbare Sachen verborgen hält, die mit dem bisher Erfundenen keinerlei Verwandtschaft oder Ähnlichkeit haben, sondern weitab von den Pfaden der Phantasie gelegen und bis jetzt noch nicht entdeckt worden sind. Auch diese werden zweifelsohne im weiteren Fortgang und Ablauf der Jahrhunderte einst ans Licht treten, wie die früheren auch. Aber auf dem von mir dargelegten Weg kann dies schnell und entschieden und auf einmal erfaßt und vorweggenommen werden.

### 110.

Doch finden sich auch andere Entdeckungen dieser Art, die bestätigen, daß das menschliche Geschlecht selbst an vortrefflichen Entdeckungen, auch wenn sie gleichsam vor den Füßen liegen, vorübergehen und sie übersehen kann. Denn wie auch immer das Schießpulver, das Seidengespinst, der Kompaß, der Zucker, das Papier und ähnliche Erfindungen ganz klar sich auf gewisse Eigenschaften der Dinge und der Natur stützen, so ist doch bei der Buchdruckerkunst alles offen und fast am Wege liegend. Trotzdem haben die Menschen nicht bemerkt, daß es wohl schwieriger sei, die Lettern zu setzen als die Buchstaben durch die Bewegung der Hand zu schreiben, aber daß diese Lettern, einmal gesetzt, zu zahllosen Abdrücken benutzt werden können, während die von der Hand gezogenen Buchstaben nur für eine einzige Schrift zu verwenden sind. Man hatte vielleicht nicht bemerkt, daß die Tinte so verdickt werden kann, daß sie färbt, aber nicht fließt, zumal wenn die Buchstaben erhaben sind und der Druck von oben erfolgt. So hat man diese vortreffliche Erfindung, die zur Verbreitung des Wissens so viel beigetragen hat, viele Jahrhunderte entbehrt. Der menschliche Geist pflegt auf diesem Lauf nach Erfindungen linkisch und oft so schlecht in Form zu sein, daß er sich anfangs wenig zutraut und sich bald nachher verachtet. Und zunächst erscheint es ihm unglaublich, daß so etwas überhaupt gefunden werden kann. Nachdem es aber erfunden worden ist, erscheint es ihm vielleicht wiederum unglaublich, daß dies den Menschen so lange habe entgehen können. So kann man auch hier mit Recht Hoffnung hegen: Es gibt noch eine unbeschreiblich große Menge von Erfindungen, welche nicht bloß aus bisher unbekannten noch zu entdeckenden Verfahrensweisen zu gewinnen sind, sondern auch aus der Übertragung, Verknüpfung und Anwendung der bereits bekannten, mittels der bereits erwähnten gelehrten Erfahrung abgeleitet werden können.

[ . . . ]

### 117.

So wie ich keine Sekte gründen will, so will ich auch nicht besondere Werke bescheren oder versprechen. Jemand könnte mir zwar entgegnen, daß ich, der ich die Werke so oft erwähne und alles daraufhin anlege, auch ein Pfand irgendwelcher Werke vorweisen müsse. Allein mein Weg und meine Methode, wie ich oft deutlich genug gesagt habe und hier wiederholen will, besteht darin, nicht Werke aus Werken oder Experimente aus Experimenten, wie die Empiriker, abzuleiten, sondern aus den Werken und Experimenten die Ursachen und Grundsätze, und aus diesen beiden wieder neue Werke und Experimente – wie ein rechter Dolmetscher der Natur – zu entnehmen. [ . . . ]

### 119.

[ . . . ] Bei den Dingen, die alltäglich erscheinen, mögen die Menschen folgendes bedenken: bisher pflegten sie nichts anderes zu tun, als die Ursachen des Seltenen auf das, was häufig geschieht, zurückzuführen und ihm anzupassen, aber für das, was häufig geschieht, hat man keine Ursachen gesucht, sondern man nimmt es als selbstverständlich an.
So fragt man nicht nach der Ursache der Schwere, der Bewegung der Himmelskörper, der Wärme, der Kälte, des Lichtes, des Harten, des Weichen, des Lockeren, des Dichten, des Flüssigen, des Festen, des Belebten, des Unbelebten, des Ähnlichen, des Unähnlichen, nicht einmal nach der Ursache des Organischen. Man sieht das alles als klar und deutlich an, man streitet und urteilt nur über die Dinge, die weniger im Alltag vorkommen und deshalb unbekannt sind.
Ich aber vertrete die Meinung, man könne an Hand von seltenen und auffallenden Dingen weder urteilen, noch viel weniger neue Dinge ans Licht bringen, ohne die Ursachen der gewöhnlichen Dinge und die Ursachen dieser Ursachen gebührend geprüft und gefunden zu haben. [ . . . ]

### 129.

Noch bleibt mir einiges über die Vortrefflichkeit des Zieles zu sagen. Hätte ich es vorher getan, so hätte es bloßen Wünschen ähnlich erscheinen können, jetzt aber, wo Hoffnung sich erhoben hat und falsche Vorurteile beseitigt sind, wird es vielleicht größeres Gewicht haben. Hätte ich schon alles vollendet und gänzlich zu Ende gebracht, und müßte ich nicht andere zur Teilnahme und Gemeinschaft an der Arbeit einladen, so würde ich von Worten dieser Art Abstand nehmen. Man könnte sie nämlich als eine Anpreisung meines Verdienstes auffassen. Allein da ich den Fleiß der anderen zu schärfen und ihren Geist zu wecken und zu entzünden habe, ist es angemessen, einiges darüber dem Nachdenken der Menschen vorzulegen.
Erstens scheint unter den menschlichen Handlungen die Einführung bedeutender Erfindungen bei weitem den ersten Platz einzunehmen, so haben schon die früheren Jahrhunderte geurteilt. Man erwies nämlich den Entdeckern göttliche Ehren, denen aber, die sich in den politischen Dingen verdient machten, den Staaten- und Reichsgründern, den Gesetzgebern, den Befreiern des Vaterlandes von dauerndem

Elend, denen, welche die Tyrannen verjagten und ähnlichen, zollte man nur die Ehren von Heroen. Man wird, wenn man die Sache gründlich erwägt, gewiß dieses Urteil der vergangenen Zeit gerecht finden. Denn die Wohltaten der Erfinder können dem ganzen menschlichen Geschlecht zugute kommen, die politischen hingegen nur den Menschen bestimmter Orte, auch dauern diese nur befristet, nur über wenige Menschenalter, jene hingegen für alle Zeiten. Auch vollzieht sich eine Verbesserung des politischen Zustandes meistens nicht ohne Gewalt und Unordnung, aber die Erfindungen beglücken und tun wohl, ohne jemandem ein Unrecht oder ein Leid zu bereiten.

Die Erfindungen sind gleichsam neue Schöpfungen und sind Nachahmungen der göttlichen Werke, wie der Dichter so treffend singt: »Den hungrigen Sterblichen hatte fruchttragende Saaten einst das berühmte Athen zuerst unter allen gegeben, neues Leben geschaffen und Gesetze zu Grund gelegt.«

Auch ist bemerkenswert, daß selbst Salomo in der Blüte seiner Macht, wo Gold, prächtige Bauwerke, Dienerschaft und Mannschaften, eine Flotte, der Ruhm seines Namens und die höchste Bewunderung der Menschen ihm zuteil ward, dennoch in all dem sich nicht selbst den Ruhm zuerkannte, sondern ausrief: »Der Ruhm Gottes sei, die Dinge zu verhüllen, des Königs Ruhm, die Dinge zu ergründen.« Man erwäge doch auch einmal den großen Unterschied zwischen der Lebensweise der Menschen in einem sehr kultivierten Teil von Europa und der in einer sehr wilden und barbarischen Gegend Neu-Indiens. Man wird diesen Unterschied so groß finden, daß man mit Recht sagt: »Der Mensch ist dem Menschen ein Gott«, dies nicht bloß wegen der Hilfe und Wohltaten, sondern auch angesichts der Verschiedenheit seiner Lebenslage. Und diese Verschiedenheit bewirken nicht der Himmel, nicht die Körper, sondern die Künste.

Weiter hilft es, die Kraft, den Einfluß und die Folgen der Erfindungen zu beachten; dies tritt am klarsten bei jenen dreien hervor, die im Altertum unbekannt waren und deren Anfänge, wenngleich sie in der neueren Zeit liegen, doch dunkel und ruhmlos sind: die Buchdruckerkunst, das Schießpulver und der Kompaß. Diese drei haben nämlich die Gestalt und das Antlitz der Dinge auf der Erde verändert, die erste im Schrifttum, die zweite im Kriegswesen, die dritte in der Schiffahrt. Zahllose Veränderungen der Dinge sind ihnen gefolgt, und es scheint, daß kein Weltreich, keine Sekte, kein Gestirn eine größere Wirkung und größeren Einfluß auf die menschlichen Belange ausgeübt haben als diese mechanischen Dinge.

Es gehört zur Sache, drei Arten oder Grade des Ehrgeizes bei den Menschen zu unterscheiden. Bei der ersten ist man darauf aus, die eigene Macht in seinem Vaterlande zu vermehren, dies ist die gewöhnliche und teilweise unedle Art; bei der zweiten strebt man dahin, des Vaterlandes Macht und Herrschaft über das menschliche Geschlecht zu erweitern; diese Art ist gewiß würdiger, reizt aber zu stärkerer Begierde; erstrebt nun jemand, die Macht und die Herrschaft des Menschengeschlechtes selbst über die Gesamtheit der Natur zu erneuern und zu erweitern, so ist zweifellos diese Art von Ehrgeiz, wenn man ihn so nennen kann, gesünder und edler als die übrigen Arten. Der Menschen Herrschaft aber über die Dinge beruht allein auf den Künsten und Wissenschaften. Die Natur nämlich läßt sich nur durch Gehorsam besiegen.

Weiter! Schon der Nutzen einer einzelnen Erfindung hat die Menschen so erregt, daß sie den Erfinder, der das gesamte Menschengeschlecht durch eine Wohltat sich ergeben machte, für einen Menschen höherer Art gehalten haben. Um wieviel erhabener wird es nun erscheinen, etwas zu entdecken, wodurch alles andere leichter erfunden werden kann! Um die Wahrheit zu sagen, ich bin dem Lichte sehr dankbar, weil wir dadurch die Wege finden, die Künste üben, lesen und uns gegenseitig erkennen können; aber dennoch ist die Betrachtung des Lichtes selbst eine weit vortrefflichere und beglückendere Sache als sein mannigfacher Nutzen. Ebenso ist gewiß auch die Betrachtung der Dinge, wie sie sind, ohne Aberglauben oder Betrug, ohne Irrtum oder Verwirrung, in sich selbst ungleich würdiger als alle Früchte der Erfindungen.

Wenn endlich jemand den Verfall der Wissenschaften und Künste der Bosheit, dem Luxus und ähnlichem zur Last legt, so möge dies niemanden beeindrucken. Denn dies läßt sich von allen irdischen Gütern sagen: vom Verstand, der Tapferkeit, den Körperkräften, der Gestalt, dem Reichtum, selbst vom Licht und dem übrigen. Das Menschengeschlecht mag sich nur wieder sein Recht über die Natur sichern, welches ihm kraft einer göttlichen Schenkung zukommt. Mag ihm das voll zuteil werden. Die Anwendung wird indes die richtige Vernunft und die gesunde Religion lenken.

[ . . . ]

Schluß

[ . . . ]

Damit übergebe ich endlich wie ein rechtschaffener und treuer Verwalter dem Menschen Schätze durch die Befreiung und Mündigerklärung des Geistes. Mit eherner Notwendigkeit wird daraus eine Verbesserung der menschlichen Verhältnisse und eine Erweiterung seiner Macht über die Natur folgen. Denn der Mensch hat durch seinen Fall den Stand der Unschuld und die Herrschaft über die Geschöpfe verloren. Beides aber kann bereits in diesem Leben einigermaßen wiedergewonnen werden, die Unschuld durch Religion und Glauben, die Herrschaft durch Künste und Wissenschaften. Denn die Schöpfung ist durch den Fluch nicht gänzlich und bis ins Mark hinein widerspenstig gemacht worden. Sondern Kraft jenes Machtspruches: »Im Schweiße Deines Angesichts sollst Du Dein Brot essen« wird sie durch mancherlei Arbeit – gewiß nicht durch Disputationen oder nutzlose magische Formeln – dahin gebracht, schließlich und einigermaßen dem Menschen sein Brot zu gewähren, das heißt, den Zwecken seines Lebens zu dienen.

## 1.3 Die Große Akademie von Lagado

*Jonathan Swift:* Gullivers Reisen

[ . . . ]

Nach einigen Tagen kehrten wir in die Stadt zurück. Seine Exzellenz wollte in Anbetracht des schlechten Rufes, den er an der Akademie hatte, nicht selbst mit mir gehen, sondern empfahl mich einem seiner Freunde, der mich dorthin begleitete. Mylord hatte die Güte, mich als großen Bewunderer von Projekten und als Men-

schen von großer Neugier und Leichtgläubigkeit auszugeben. Daran war tatsächlich
etwas Wahres, denn in jüngeren Jahren war ich selbst eine Art Projektemacher
gewesen.

Fünftes Kapitel
*Der Verfasser erhält die Erlaubnis, die Große Akademie von Lagado zu besichtigen.
Ausführliche Beschreibung der Akademie. Die Künste, mit denen sich die Professoren beschäftigen.*

Diese Akademie ist kein zusammenhängendes, einzelnes Gebäude, sondern besteht aus einer Reihe verschiedener Häuser auf beiden Seiten einer Straße, die bei zunehmendem Verfall gekauft und zu diesem Zweck verwandt wurden.
Ich wurde von dem Präsidenten sehr freundlich aufgenommen und ging viele Tage lang zur Akademie. Jedes Zimmer beherbergt einen oder mehrere Projektemacher, und ich glaube, ich bin wohl in nicht weniger als fünfhundert Zimmern gewesen.
Der erste Mann, den ich aufsuchte, war von armseligem Aussehen mit rußigen Händen und Gesicht; Haare und Bart waren lang, zottig und an mehreren Stellen

versengt. Seine Kleider, sein Hemd und seine Haut waren alle von der gleichen Farbe. Er hatte acht Jahre an einem Projekt gesessen, Sonnenstrahlen aus Gurken zu ziehen, die in hermetisch verschlossene Gefäße gegeben und in rauhen, unfreundlichen Sommern herausgelassen werden sollten, um die Luft zu erwärmen. Er sagt mir, er zweifle nicht daran, daß er nach weiteren acht Jahren imstande sein werde, die Gärten des Statthalters zu einem annehmbaren Preis mit Sonnenschein zu beliefern. Er klagte jedoch darüber, daß sein Betriebskapital gering sei, und bat mich, ihm etwas als Ermutigung für den Erfindungsgeist zu geben, zumal die Gurken in diesem Jahr sehr teuer gewesen seien. Ich gab ihm ein kleines Geschenk, denn Mylord hatte mich zu dem Zweck mit Geld versehen, weil er ihre Gewohnheit kannte, alle, die sie aufsuchten, anzubetteln.

Ich ging in ein anderes Zimmer, war aber drauf und dran, mich schleunigst wieder zurückzuziehen, da mich ein furchtbarer Gestank beinahe überwältigte. Mein Begleiter schob mich vorwärts, indem er mich im Flüsterton beschwor, kein Ärgernis zu erregen, was sehr übelgenommen würde, und deshalb wagte ich nicht einmal, mir die Nase zu verstopfen. Der Projektemacher in dieser Zelle war der älteste Gelehrte der Akademie; sein Gesicht und sein Bart waren von blassem Gelb, seine

Hände und Kleider mit Schmutz beschmiert. Als ich ihm vorgestellt wurde, schloß er mich eng in die Arme (ein Kompliment, dessen Unterlassung ich durchaus hätte entschuldigen können). Seit seinem Eintritt in die Akademie beschäftigte er sich mit einem Verfahren, menschliche Exkremente in die ursprüngliche Nahrung zurückzuverwandeln, indem er die verschiedenen Bestandteile voneinander trennte, die Färbung, die sie von der Galle erhalten, beseitigte, den Geruch verfliegen ließ und den Speichel abschäumte. Er erhielt von der Gesellschaft ein wöchentliches Kontingent von einem Behälter, der mit menschlichem Kot gefüllt war und etwa die Größe eines Bristoler Fasses hatte.

Ich sah einen anderen damit beschäftigt, Eis zu Schießpulver auszuglühen. Er zeigte mir auch eine Abhandlung, die er über die Schmiedbarkeit des Feuers geschrieben hatte und die er zu veröffentlichen beabsichtigte.

Dort war auch ein wahrhaft genialer Architekt, der eine neue Methode für den Bau von Häusern ersonnen hatte, indem man mit dem Dach anfing und dann bis zum Fundament nach unten baute. Er rechtfertigte das mir gegenüber mit dem gleichen Brauch jener beiden klugen Insekten, der Biene und der Spinne.

Es gab dort einen blindgeborenen Menschen, der mehrere Lehrlinge hatte, die in der gleichen Lage waren. Ihre Beschäftigung bestand darin, Farben für Maler zu mischen; ihr Lehrer unterwies sie nämlich darin, sie durch Gefühl und Geruch zu unterscheiden. Freilich war es mein Mißgeschick, sie zu jener Zeit noch nicht sehr sicher in ihren Lektionen zu finden, und zufällig irrte sich meistens auch der Professor. Dieser Gelehrte wird von der ganzen Brüderschaft sehr ermutigt und geschätzt.

In einem anderen Gemach fand ich viel Vergnügen an einem Projektemacher, der einen Plan erfunden hatte, den Boden mit Schweinen zu pflügen, um die Kosten für Pflüge, Zugtiere und Arbeitskräfte zu sparen. Die Methode besteht in folgendem. In einem Morgen Land vergräbt man im Abstand von sechs Zoll und acht Zoll tief eine große Menge Eicheln, Datteln, Kastanien und anderes Mastfutter oder Futterpflanzen, die diese Tiere am liebsten haben. Dann treibt man sechshundert oder mehr von ihnen auf das Feld, wo sie auf der Suche nach ihrem Futter in einigen Tagen den ganzen Boden umwühlen und ihn so für die Saat vorbereiten, während sie ihn gleichzeitig mit ihrem Mist düngen. Es ist freilich wahr, daß man bei der Erprobung feststellte, daß Kosten und Mühe sehr groß waren und man nur einen geringen oder gar keinen Ernteertrag erzielte. Man zweifelt aber nicht daran, daß diese Erfindung noch sehr entwicklungsfähig sein könnte.

Ich ging in ein anderes Zimmer, wo die Wände und die Decke ganz mit Spinnweben behangen waren, außer einem engen Durchgang für den Gelehrten zum Hinein-

und Hinausgehen. Bei meinem Eintritt rief er mir laut zu, seine Gewebe nicht zu stören. Er beklagte es, daß die Welt so lange in dem verhängnisvollen Irrtum befan-
75 gen gewesen sei, Seidenraupen zu benutzen, während wir doch eine solche Menge von Hausinsekten besäßen, welche die ersteren außerordentlich überträfen, da sie es verständen, sowohl zu weben als auch zu spinnen. Und er machte den weiteren Vorschlag, durch Verwendung von Spinnen die Kosten des Färbens der Seide völlig einzusparen, wovon ich voll und ganz überzeugt wurde, als er mir eine riesige
80 Menge sehr schön gefärbter Fliegen zeigte, mit denen er seine Spinnen fütterte; und er versicherte uns, daß die Gewebe ihre Färbung annehmen würden. Da er nun Fliegen aller Farben besitze, so hoffe er, jedermanns Geschmack zu treffen, sobald er nur in gewissen Gummiharzen, Ölen und anderen klebrigen Stoffen passendes Futter für die Fliegen finden könnte, um den Fäden Stärke und Festigkeit zu verlei-
85 hen.
Dort war auch ein Astronom, der es unternommen hatte, eine Sonnenuhr auf dem großen Wetterhahn des Rathauses anzubringen, indem er die jährlichen und tägli-chen Bewegungen der Erde und der Sonne so regulierte, daß sie allen zufälligen Drehungen durch den Wind entsprachen und mit ihnen zusammenfielen.
90 Als ich über einen leichten Anfall von Darmkatarrh klagte, brachte mich mein Begleiter in ein Zimmer, wo ein bedeutender Arzt residierte, der dafür berühmt war, daß er diese Krankheit durch entgegengesetzte Verfahren mit demselben In-strument heilte. Er hatte einen großen Blasebalg mit einer langen, dünnen Mün-dung aus Elfenbein. Diese führte er acht Zoll tief in den After ein und versicherte,
95 er könne die Eingeweide so schlaff wie eine getrocknete Blase machen, wenn er die Luft einziehe. Wenn die Krankheit aber hartnäckig und heftiger war, führte er das Mundstück ein, während der Blasebalg voller Luft war, die er in den Leib des Patienten blies. Dann zog er das Instrument heraus, um es wieder zu füllen, wäh-rend er mit dem Daumen die Öffnung des Gesäßes fest zuhielt. Wenn das drei- oder
100 viermal wiederholt worden war, brach die hinzugekommene Luft gewöhnlich her-vor, führte die schädliche Luft mit sich fort (wie Wasser, das in eine Pumpe gegossen

wird), und der Patient genas. Ich sah, wie er beide Experimente an einem Hund erprobte, konnte jedoch bei dem ersten keinerlei Wirkung feststellen. Nach dem zweiten war das Tier dem Platzen nahe und entlud sich so heftig, daß es mir und meinen Begleitern sehr ekelhaft war. Der Hund verendete auf der Stelle, und wir verließen den Doktor, während er versuchte, ihn durch das gleiche Verfahren wieder zum Leben zu erwecken.

Ich besuchte noch viele andere Gemächer, werde meine Leser aber nicht mit all den Merkwürdigkeiten belästigen, die ich beobachtet habe, da ich mich um Kürze bemühe.

Bisher hatte ich nur eine Seite der Akademie gesehen; die andere ist für die Förderer der spekulativen Wissenschaften bestimmt, von denen ich etwas sagen werde, wenn ich noch eine weitere ausgezeichnete Persönlichkeit erwähnt habe, die bei ihnen »der Universalgelehrte« genannt wird. Er sagte uns, er beschäftige sich seit dreißig Jahren damit, über die Verbesserung des menschlichen Lebens nachzudenken. Er hatte zwei große Zimmer, die voll von seltsamen Raritäten waren, und fünfzig Menschen, die dort arbeiteten. Einige verdichteten die Luft zu einer trockenen, greifbaren Substanz, indem sie den Stickstoff ausschieden und die wässerigen oder flüssigen Bestandteile filtrierten; andere erweichten Marmor zu Kopfkissen und Nadelkissen; andere versteinerten die Hufe eines lebenden Pferdes, um sie vor der Hufentzündung zu bewahren. Der Gelehrte selbst war zu jener Zeit mit zwei großartigen Projekten beschäftigt. Das erste bestand darin, Ackerland mit Spreu zu bestellen, in der, so versicherte er, die wahre Keimkraft enthalten sei, wie er durch verschiedene Experimente bewies, die zu verstehen ich jedoch nicht genügend Fachkenntnisse besaß. Das andere Projekt war ein Plan, durch äußerliche Anwendung einer gewissen Mischung aus Gummiharzen, Mineralien und Pflanzen bei zwei jungen Lämmern das Wachsen der Wolle zu verhindern; und er hoffte, in angemessener Zeit die Zucht nackter Schafe im ganzen Königreich zu verbreiten.
[ . . . ]

## 1.4 Alltagsbewältigung durch unsere Vorfahren – und weshalb wir uns heute so schwer damit tun

*Arthur E. Imhof:* Die verlorenen Welten: Alltagsbewältigung durch unsere Vorfahren – und weshalb wir uns heute so schwer damit tun

[ ... ]
Zweifellos sind uns die besten Jahre heute unvergleichlich viel sicherer als bis vor wenigen Generationen, ist uns die pure biologische Existenz auf sehr viel mehr Erdenjahre hinaus praktisch garantiert. Der standardisierte lange Lebenslauf ist beinahe schon selbstverständliches Allgemeingut geworden, ist Zeugnis und Ausdruck für eine demokratisiert-erweiterte Lebenszeit für jeden und jede und längst nicht mehr nur für einige Privilegierte oder ein paar sonstwie von Pest, Hunger und Krieg über Jahre hinweg verschont Gebliebene.
Aber unsterblich geworden sind wir dadurch nicht. Spätestens wenn wir trotz allem immer wieder gezwungen werden, an einem Begräbnis teilzunehmen, stellt sich das böse Erwachen ein. Die dünnhäutige Fiktion der Unsterblichkeit platzt dann jedesmal wie eine Seifenblase. Doch nicht genug damit, daß Sterben und Tod nicht länger zu unserem Leben gehören und wie früher nur eine Zäsur im Gesamtlebenslauf bilden, daß von Passage somit längst keine Rede mehr sein kann: Sterben und Tod scheinen sich heute vielmehr in einem luftleeren Raum abzuspielen. Wir koppeln sie während der besten Jahre und im Hochgefühl der fiktiven Unsterblichkeit einfach von unserem Lebenslauf ab, so wie wir zuvor schon den jenseitigen Teil wegsäkularisierten. Unser Lebenslauf endet dann, wenn die guten Jahre vorbei sind, irgendwo in einem Niemandsland. Körper, deren Welken nicht länger verschleiert werden kann, die von unheilbaren Gesundheitseinbußen befallen werden und an das eigene Dahingehen gemahnen, die der medizinischen Kompetenz entgleiten, deren biologische Existenz nicht mehr zu garantieren ist, schreibt man ab. Ihre Inhaber bilden eine Art Kaste von Unberührbaren, zumindest von nicht mehr Gesellschafts- und Umgangsfähigen. Das Sterben auf Raten kann beginnen, zuerst beruflich, dann gesellschaftlich, schließlich familiär und endlich folgt, längst überfällig, auch noch das biologische Ende, meist lautlos und einsam in der Todeskammer irgendeines Sterbe-Etablissements. Damit wird definitiv der Punkt hinter einen im übrigen längst abgeschlossenen Lebenslauf gesetzt: eine fürwahr nicht gerade ermutigende Zukunftsaussicht, und zwar für keinen von uns, denn niemand ist sicher, daß es nicht gerade auch in seinem Fall exakt so kommen wird. Wen wundert's, daß wir uns zur Zeit so schwer tun mit diesen unseren irgendwo im Ungewissen und Unbemerkten versickernden Lebensläufen?
Angesichts einer solch mißlichen Situation bin ich jedoch nicht der Meinung, daß wir den Versuch machen sollten, das Rad der Geschichte zurückzudrehen, um auf diese Weise ein angeblich »gutes altes Sterben« oder gar die eingebüßte Ewigkeit zurückzugewinnen. Jede Geschichtsperiode ist einmalig, jeder verflossene Zeitabschnitt unwiederbringlich dahin. Zudem dürften die vorangegangenen Kapitel mit aller Deutlichkeit gezeigt haben, daß es ein »gutes altes Sterben«, wie das manche Zeitgenossen heute in einer nostalgieseligen Rückschau anzunehmen scheinen, gar nie gegeben hat. Sogar das gerne angeführte »friedliche Sterben im trauten Fami-

lienkreise« – weil es noch keine Krankenhaus- und Altersheim-Sterbezimmer für jedermann und jedefrau gegeben hätte – entpuppte sich bei näherem Zusehen als Mythos. Zum einen betraf rund ein Viertel aller Sterbefälle damals stets Säuglinge im Alter von weniger als einem Jahr, die von einem »trauten Familienleben« noch kaum viel gewußt haben dürften, und zum andern verstarben auch unter den Erwachsenen immer zahlreiche Menschen während Seuchenzeiten, das heißt an rasch tötenden Infektionskrankheiten, die zu einem friedlichen Abschiednehmen kaum viel Zeit ließen. Manchmal dürfte es ganz einfach auch kaum mehr jemanden gegeben haben, von dem man hätte Abschied nehmen können, weil der Rest der Familie, die Freunde, Verwandten, Nachbarn derselben Seuche schon Tage zuvor zum Opfer gefallen waren. Außerdem animierte die hohe Ansteckungsgefahr wohl nicht gerade zu einem betont zärtlichen Umgang mit den Sterbenden. Und vergessen wir schließlich auch nicht die häufig genug erbärmlichen Begräbnisse unter solch desolaten Umständen. Angesichts der vielen Toten oft binnen weniger Tage war keineswegs auszuschließen, daß man nicht zusammen mit einer Anzahl anderer Leichname in die gleiche offene Grube geworfen wurde, die man für alle ausgehoben hatte. Vielleicht fand oder nahm sich auch gar niemand die Zeit, einen zu beerdigen, bevor nicht die Verwesung schon eingesetzt hatte! – Gutes altes Sterben? Nur wenigen dürfte es jemals vergönnt gewesen sein!
Anderseits braucht man nicht unbedingt Historiker zu sein, vielmehr weiß jedermann aus eigener Erfahrung, daß auch gegenwärtige Situationen, und mögen sie noch so mißlich sein, nicht ewig dauern. In die Zukunft blickend würde ich meinen, daß wir zwei Aufgaben vor uns haben. Bei der einen wie der andern geht es darum, den zweifachen Verlust, den wir unseren Lebensläufen durch die doppelte Abkoppelung selbst zugefügt haben, wieder wettzumachen.
Hinsichtlich der ersten Aufgabe: bis zum Lebensende, und zwar auch in hohem Alter, Mensch zu bleiben, indem wir die letzte Phase als vollgültigen Teil wieder an den irdischen Lebenslauf ankoppeln und ihn darin integrieren, besteht durchaus die Aussicht, daß sie in nicht allzu ferner Zukunft eine Lösung erfahren könnte. Wenn unsere Aussage oben nämlich richtig war, wonach das heute oft ratenweise Sterben eng mit dem Welken des Körpers, seinem Verfall jenseits einer medizinisch nicht mehr rückgängig zu machenden Schwelle und dem damit verbundenen immer ausgeprägteren Abhängigwerden zusammenhängt, so wäre sehr viel und sehr Entscheidendes gewonnen, wenn es gelänge, unsere beiden zur Zeit wichtigsten Todesursachen Herz- und Kreislauferkrankungen sowie Krebsleiden nicht nur unter Kontrolle zu bringen, sondern ihre dereinst leeren Plätze nicht erneut, wie bislang immer geschehen, umgehend durch andere Krankheiten einnehmen zu lassen.
Das Ergebnis wäre – und eine Reihe von Forschungen sind ausdrücklich auf diese Zeit hin ausgerichtet – ein rascher natürlicher Tod in hohem Alter, ohne vorheriges langes Siechtum und nicht endenwollendes mühsames Dahinsterben. Daß diese Aufgabe jedoch keineswegs eine ausschließlich medizinisch-biologisch-genetische sein darf und schon gar nicht isoliert im wissenschaftlichen Elfenbeinturm zu lösen ist, sondern nur gemeinsam sowohl mit den anderen »Wissenschaften von Menschen« – von der Psychologie bis inklusive Theologie – wie auch mit den Betroffenen, den alternden und alten Menschen selbst, sei hier mit allem Nachdruck unterstrichen. Es kann nicht darum gehen, dem Leben einfach immer noch weitere Jahre

hinzufügen zu wollen, Hauptziel muß vielmehr sein, auch die letzten Jahre noch mit so viel Leben zu füllen, daß sie gleichwertig mit den »besten« werden, daß alles gute Jahre sind, der Lebenslauf *Lebens*lauf bleibt bis zum Ende.

Wesentlich schwieriger ist die zweite Aufgabe. Auch wenn – wie eben angedeutet – unser Wunsch nach der guten körperlichen Verfassung praktisch bis zum letzten Atemzug hoch in den Siebzigern oder Achtzigern in Erfüllung gehen sollte, bleibt doch noch immer die Tatsache bestehen, daß Sterben und Tod für die meisten von uns nun Endstation bedeuten. Älterwerden, auch bei guter Gesundheit, und sich unentwegt diesem Ende nähern, bilden eine fatale Symbiose. Es ist nicht ausgeschlossen, daß Todesfurcht und Sterbensangst sogar noch zunehmen, falls niemand mehr, von chronischen Leiden gepeinigt, sein Ende herbeisehnt und »von den Beschwerden des Alters« erlöst zu werden braucht.

Wenn man dem Historiker im allgemeinen zugesteht, daß er, gestützt auf seine Fachkenntnisse und Erfahrungen, ein Urteil über vergangene Zeiten, ihre Menschen und Vorstellungen abgeben darf, so war es der Grundton dieses Buches, daß unsere Vorfahren bei ihren Bemühungen, in einer schwierigen, durch Pest, Hunger und Krieg immer wieder massiv bedrohten Welt zu bestehen, nicht schlecht abgeschnitten haben. Sie erreichten generationen-überdauernde Stabilitäten und jahrhundertelang geltende Normen als haltgebende Rahmenbedingungen, die uns nicht nur verblüfften und Respekt abnötigten, sondern die uns nachdenklich stimmten. Auf eine kurze Formel gebracht, könnte man sagen, daß sie es mit den nicht ganz so schweren unter den schweren Dingen im Leben, vor allem jenen im Zusammenhang mit der physischen Existenzsicherung, schwerer hatten als wir heute, daß sie sich jedoch mit den ganz schweren Dingen, vor allem mit Sterben und Tod, nicht so schwer taten. Die Hauptursache hierfür lag darin, daß ihre Weltanschauung weiter reichte als nur bis zum Ende des irdischen Lebenslaufs. Die Alltagswelten unserer Vorfahren mochten räumlich zwar kleiner und zeitlich kürzer als die unsrigen sein, ihr Horizont enger und ihr jederzeit mögliches Lebensende näher gelegen haben. Aber diese physischen Begrenzungen: der nächste Hügelzug und der Rand des großen dichten Waldes genauso wie Sterben und Tod bedeuteten für sie eben letztlich doch nicht *die* eigentlichen Grenzen und *das* Ende. Ihre Welten griffen räumlich und zeitlich weit darüber hinaus. Denn so wie man den Blick ja nicht nur dem Boden entlang schleichen lassen mußte, wo er tatsächlich am nächsten Berg oder Waldrand hängenblieb, sondern ihn kühn oder allenfalls furchtsam auch nach oben richten konnte und dort Sonne und Mond, Sterne und Planeten, Regenwolken und das Heraufziehen von Gewittern sah – was für den unmittelbaren Alltag in einer bäuerlichen Welt alles gewiß von größerer Bedeutung war als die Frage, wer nun hinter dem nächsten oder übernächsten Berg oder Wald wohnte –, genauso akzeptierte man Sterben und Tod zwar als naturgegebene, selbstverständliche Zäsuren, als Passagen, die aber keineswegs den Blick verstellten für das, was nachher kam: nämlich eine Fortsetzung im ewigen Jenseits.

Diese Weltanschauung bot genügend Raum für den Makro- wie den Mikrokosmos unserer Vorfahren und ließ die dauernden wechselseitigen Beziehungen zwischen ihnen ungehindert spielen. In diesem Rahmen fand sich eine Zeit für dieses und eine für jenes, eine Zeit zum Aussäen und eine zum Ernten, eine zum Arbeiten und eine zum Ruhen, eine zum Heiraten und Lieben und eine andere, wo man sich der

Fleischeslust enthielt. Sie umschloß aber auch Sterben und Tod, hatte Raum für das eigene Sterben ebenso wie für das Sterben anderer, von näher oder ferner Stehenden, für die enorme Säuglingssterblichkeit genauso wie für das massenhafte Sterben während Seuchenzeiten. Gefürchtet war nur der überraschende Tod, das plötzliche Sterben in Sünde, sowie – bei den Kleinen – ein Tod vor der Taufe. Aber auch hiergegen hatte man Abhilfe geschaffen. Damals konnten totgeborene oder vor der Taufe verstorbene Säuglinge noch für ein paar Augenblicke zum Leben zurückkehren und in diesem Zustand die Taufe empfangen und damit das Tor zur Ewigkeit aufgestoßen erhalten.
Furcht, gewiß: Furcht war damals überall vorhanden, täglich, nächtlich, stündlich; sehr konkret vor Pest, Hunger und Krieg, vor Mißernten und Blitzschlag, vor Viehseuchen und Räuberhand auf dem Weg zum Markt in die Stadt, vor unerlösten Seelen und wiederkehrenden Geistern, vor Verwünschungen und Zaubersprüchen übelwollender Mitmenschen. Aber von Weltangst gepeinigt zu werden: dafür gab es im Rahmen dieser Weltanschauung keinen Platz. Sie schloß alles in sich ein und hob damit alles in sich auf.
Genau dies ist, was wir verloren haben und weshalb wir uns heute mit den schwersten Dingen soviel schwerer tun als unsere Vorfahren. Wir haben keine kohärente Weltanschauung mehr, und schon gar keine, die Sterben und Tod in sich einschlösse und aufhöbe. Physisch sehen wir zwar sehr viel weiter als unsere Vorfahren, auf der Erde von viel höheren Gebäuden in die Ferne, oder wir überblicken vom Flugzeug aus ganze zusammenhängende Landstriche, über Höhen und Täler hinweg, oder auch einfach, weil jeder Kurzsichtige heute seine Brille hat. Wir sehen per Fernseher in die letzten Winkel der Erde und mit Teleskopen oder via ausgeschickte Satelliten fast schon in die letzten Winkel des Weltalls, beziehungsweise umgekehrt mit Elektronenmikroskopen auch noch die kleinsten Teile unseres Mikrokosmos.
Aber alles Schauen am Fernseher, das Gucken durch Fernrohre und der staunende Blick ins Mikroskop ergeben noch keine Weltanschauung, ebenso wenig wie uns eine solche von noch so vielen und noch so detaillierten und noch so schön farbigen Funkbildern von noch so vielen und noch so weit entfernten Satelliten jemals geliefert würde. Trotz allen Instrumenten und technischen Hilfsmitteln sehen wir noch weniger weit als unsere Vorfahren und können das Gesehene nicht mehr in einen großen sinnvollen Zusammenhang einordnen. Wir schauen Hunderterlei in der Welt, aber nicht *die* Welt, sehen Tausende bunter Mosaiksteinchen in aller Schärfe, aber nicht das Bild, von dem sie einen winzigen Teil ausmachen und um dessetwillen sie doch eigentlich da sind. Trotz aller oder gerade wegen unserer Geschäftigkeit eilen wir verwirrt umher, lassen uns von roten, gelben, grünen Ampeln im hektischen Stop-and-Go-Verkehr des Lebens lenken und treiben doch letztlich ziellos dahin.
Manchmal wird uns halbwegs bewußt, in welch gefährliche Situation wir uns durch den Verlust einer tragfähigen integrierenden Weltanschauung manövriert haben. Es könnte leicht die Zeit für falsche Propheten werden. Erneut lautet mein Fazit vor diesem Hintergrund jedoch nicht, die Wiederkehr jener verlorenen Welt samt ihrer Weltanschauung zurückzusehen. Sie sind unwiederbringlich dahin. Auch wenn wir noch so sehr wollten, könnten wir uns in ihnen gar nicht mehr zurechtfinden. Unsere Welt *hat* nun einmal Mikroskope und Satelliten, besteht aus Atomen, Genen,

Zellen, ist von außen einseh- und überwach- und erstmals auch völlig vernichtbar. Sie *hat* Kathedralen des Lernens statt Kathedralen des Glaubens, mit zugehörigen
180 Bücher- und nicht mehr mit tonangebenden Glockentürmen. Und wenn wir auch nicht alles Intellektuelle sind, so sind wir doch alle soweit intellektualisiert, daß wir stets die *Ursachen wissen* wollen. So lange die Welt und des Menschen Schicksal, wie es unsere Vorfahren glaubten, in Gottes Hand ruhten, war ER gleichermaßen Anfang und Ende, Ursache und Ziel. Was hätte man da weiter nach »Erklärungen«
185 zu fragen brauchen? Heute *haben* wir diese Erklärungen, finden dafür aber keinen Anfang und kein Ende mehr.

## 1.5 Wissenschaftliches und lebensweltliches Wissen am Beispiel der Verwissenschaftlichung der Geburtshilfe

[ . . . ]

*Gernot Böhme:* Wissenschaftliches und lebensweltliches Wissen am Beispiel der Verwissenschaftlichung der Geburtshilfe

Die Frage nach dem lebensweltlichen Wissen ist vielleicht gegenwärtig die interessanteste, wenn man nach Alternativen zur neuzeitlichen Wissenschaft, besonders der neuzeitlichen Naturwissenschaft fragt. Es geht nämlich dabei darum, ob wir in unserer Alltagswelt noch über das Wissen verfügen, aufgrund dessen wir die Le-
5 bensvollzüge dieser Alltagswelt selbständig bewältigen können. Denn ist dies nicht der Fall, so werden diese Lebensvollzüge an Fachleute delegiert, d. h. aber zugleich aus dem Lebenszusammenhang entfernt. Wir werden mit der Verwissenschaftlichung der Geburtshilfe einen typischen Fall für diesen Vorgang behandeln: Geburt findet nicht mehr im Lebenszusammenhang statt, kann auch gar nicht mehr dort
10 stattfinden, weil das Wissen von der Geburtshilfe dort nicht mehr präsent ist, Geburt findet im isolierten Raum der wissenschaftlichen Medizin statt.
[ . . . ]
Wir haben schon früher vorgeschlagen, das Verhältnis von lebensweltlichem Wissen und Wissenschaft an solchen Fällen zu untersuchen, wo sich für beide Wissensformen soziologisch identifizierbare Träger ausmachen lassen und wo die Entgegensetzung
15 zung beider Wissensformen ein reales – d. h. nicht bloß theoretisches – Problem ist. Diese Bedingungen sind im Fall der Geburtshilfe erfüllt. In den Ärzten und Hebammen haben wir charakteristische Träger der jeweiligen Wissensformen und in der Verwissenschaftlichung der Geburtshilfe das Produkt ihrer jahrhundertelangen Auseinandersetzung. Heute stellt sich das Problem eher ex negativo: Die Lebens-
20 welt ist faktisch vom Wissen um die Geburt entleert. Geburten finden in den meisten europäischen Ländern zu fast 100% in der Klinik statt. Sie werden verantwortlich geleitet von Ärzten, wobei den Hebammen nur noch eine assistierende Funktion zukommt. Diese Situation wird trotz der dadurch erreichten außerordentlichen Sicherheit des Geburtsvorganges als Mangel empfunden. Die Frauen haben erheb-
25 liche Schwierigkeiten, das Geburtserleben, das außerhalb ihres Lebenszusammenhanges stattfindet, biographisch zu integrieren. Sie klagen über die Einsamkeit und Kälte des übertechnisierten Entbindungsraumes. Sie empfinden ihre totale Abhän-

gigkeit vom Fachpersonal als eine Entmündigung, als Enteignung einer ihrer wichtigsten Lebensvollzüge. Die Diskontinuitäten zwischen Vorsorge, Klinikaufenthalt und Nachsorge sind objektive Mängel, die insbesondere zu Lasten der sozial schwächeren Schichten gehen. Die Professionalisierung der geburtshilflichen Betreuung führt hier wie auch sonst zu einer Spezialisierung, Arbeitsteilung und räumlichen Verteilung der Dienste, zwischen denen Diskontinuitäten und Lücken entstehen. Die subjektive Unzufriedenheit und die objektiven Mängel rechtfertigen heute die Frage, worin denn eigentlich das lebensweltliche Wissen von der Geburt bestand und was es leistete.
Wir haben gesagt, daß wir als die eigentlichen Träger lebensweltlichen Wissens von der Geburt die Hebammen benennen. Dagegen könnte eingewandt werden, daß die Hebammen bereits ein ausdifferenzierter Berufsstand sind, ihr Wissen also gerade nicht das Wissen der lebensweltlich Betroffenen, nämlich der Frauen ist. Wir geben dies zu, allerdings mit der Einschränkung, daß es im strengen Sinne erst auf die moderne Hebamme zutrifft. Ursprünglich war Geburtshilfe solidarische Hilfe, d. h. Hilfe unter den Betroffenen, den Frauen selbst. Die Hebamme war unter den Frauen nur eine, die durch besondere Erfahrung im Lebenszusammenhang das Wissen, das die anderen Frauen im Prinzip auch besaßen, in besonderer Weise akkumuliert hatte. Wir möchten die Hebamme in diesem Sinne als eine Expertin der Lebenswelt verstehen. Wir haben Hebammen dieser Art in Europa auf dem Kontinent im wesentlichen noch bis 1800, in England sogar bis 1900. Vom 18. Jahrhundert an aber findet ein Vorgang statt, den man die Verwissenschaftlichung der Geburtshilfe nennen kann, ein Vorgang, der die Hebammen nicht unberührt ließ, in dem sie sich von der Expertin der Lebenswelt zum modernen Berufsträger entwickelten. Den Prozeß der Verwissenschaftlichung der Geburtshilfe kann man durch folgende Merkmale charakterisieren: Er bedeutet den Übergang der entscheidenden Kompetenzen von den Hebammen an die Ärzte, d. h. aus den Händen von Frauen in die Hände von Männern. Durch die Verwissenschaftlichung geschieht eine Herauslösung des Geburtsvorganges aus dem Lebenszusammenhang, eine Verlagerung in den synthetischen Raum der Klinik. Der Geburtsvorgang selbst wird dort in fortschreitendem Maße unter die Bedingungen gestellt, die für mögliche Risikofälle erforderlich sind. Der Fortschritt in der wissenschaftlichen Geburtslenkung transformiert die Geburt selbst aus einem natürlichen, spontanen Ereignis in einen kontrollierten Vorgang, die programmierte Geburt. Dadurch kommt das Gebären in der Geburtshilfe nicht mehr als subjektiv persönliches, sondern nur noch als objektiv sachliches Ereignis vor.
Wenn wir nach dem lebensweltlichen Wissen von der Geburtshilfe fragen, so also offenbar nach einem Wissen, das heute empirisch nicht mehr zu erheben ist. Wir fragen nach einem Wissen, das in Reinkultur nur unterstellt werden kann für die Zeit, bevor die Verwissenschaftlichung der Geburtshilfe einsetzte, d. h. also eine Zeit, in der die Geburtshilfe – von heute gesehen – schlecht und ohnmächtig war. Was sollen wir aus dieser Zeit lernen? Darauf ist zweierlei zu antworten: Auf der einen Seite sollen die Erfolge wissenschaftlicher Geburtshilfe hier nicht bestritten werden, es geht nicht darum, vorwissenschaftliche Praktiken als die gegenüber wissenschaftlichen überlegenen zu erweisen. Vielmehr ist die Frage, ob der Verlust lebensweltlichen Wissens von der Geburt nicht Hohlräume hinterlassen hat, die

durch wissenschaftliches Wissen nicht auszufüllen sind. Ferner muß man um der
historischen Gerechtigkeit willen feststellen, daß die Unzulänglichkeit traditioneller Hebammengeburtshilfe solche Fälle betraf, die wir heute als Risikofälle betrachten würden. Für die aber waren seit je Männer, insbesondere Chirurgen zuständig.
Man kann also sagen, daß die Unzulänglichkeiten nicht in Schwächen der traditionalen, sondern in der Nichtexistenz der wissenschaftlichen Geburtshilfe bestanden.
[. . .]


## 1.6 Von privaten Spülmaschinen und öffentlichen Kraftwerken. Sechs notwendige Einwände gegen die rot-grüne Technikfeindschaft

> *Hermann Lübbe:* Von privaten Spülmaschinen und öffentlichen Kraftwerken. Sechs notwendige Einwände gegen die rot-grüne Technikfeindschaft

[ . . . ]
Zur statistischen Veranschaulichung zitiere ich ein paar Zahlen aus einer Allensbacher Studie, die noch das Jahr 1981 einbezog. Auf die Standardfrage »Glauben Sie, daß die Technik alles in allem ein Segen oder ein Fluch für die Menschheit ist?« antworteten repräsentativ befragte Jugendliche 1966 zu 83 Prozent: »ein Segen«.
Für den Fluch-Charakter der Technik entschieden sich damals lediglich ein Prozent. 1980 dagegen war der Anteil der vom Segen der Technik Überzeugten dramatisch von 83 Prozent auf 38 Prozent abgesunken, und der Anteil der die Technik Verfluchenden hatte sich gegenüber 1966 verneunfacht.
Über die Ursachen der Wissenschafts- und Technikfeindschaft ist schon viel geschrieben worden. Ich selbst habe seinerzeit vor dem Landeskuratorium Baden-Württemberg des Stifterverbandes für die Deutsche Wissenschaft im September 1976 einige dieser Ursachen aufgezählt und beschrieben. Das ist hier nicht zu wiederholen. Ich schloß damals mit dem Hinweis auf die Fälligkeit, einer solchen Aufzählung guter oder auch weniger guter Gründe für die Veränderung unserer Einstellung zu Technik und Wissenschaft entgegenzustellen, was zu ihrer kulturellen und politischen Verteidigung zu sagen nichtsdestoweniger nötig ist. Dies soll im folgenden geschehen. Sechs Nötigkeiten, dem sich ausbreitenden wissenschafts- und technikfeindlichen Affekt entgegenzuwirken, möchte ich nennen.

1. Es ist nötig, den humanen Lebenssinn unserer durch Wissenschaft und Technik geprägten Zivilisation zu verteidigen. Die Durchsetzungskraft dieser Zivilisation beruht in letzter Instanz auf der Evidenz der Zustimmungsfähigkeit, ja Zustimmungspflichtigkeit der Lebensvorzüge, die, zunächst als Verheißung und schließlich als Realität, von Anfang an mit den Fortschritten dieser Zivilisation sich verband. Das sieht man, wenn man sich nicht scheut, diese Lebensvorzüge wieder einmal ausdrücklich aufzuzählen. Die elementarsten sind: Befreiung des Menschen vom physischen Zwang schwerster, niederdrückender Arbeit; Steigerung der Produktivität der menschlichen Arbeit; durch Steigerung der Produktivität der Arbeit Mehrung der Wohlfahrt; durch Mehrung der Wohlfahrt Festigung der Bedingungen so-

zialer Sicherheit und über die Festigung der sozialen Sicherheit schließlich Mehrung des sozialen Friedens.

Das sind natürlich banale Dinge, und man versteht durchaus, daß die Angehörigen unserer räsonierenden Klassen eine gewisse Scheu verspüren, ihrem Urteil über unsere Zivilisation primär solche Banalitäten zugrunde zu legen. Dafür wissen, im wesentlichen unverändert, die Angehörigen unserer produzierenden Klassen um so besser, daß diese Banalitäten für unseren praktischen Lebenszusammenhang unverändert fundamental sind. Es ist wahr, daß auch der Zivilisationsprozeß inzwischen unter dem Druck der Erfahrung eines abnehmenden Grenznutzens geraten ist. Aber das bedeutet keineswegs, daß die aufgezählten, ebenso banalen wie fundamentalen Lebensvorzüge inzwischen im Nebel der Ungewißheiten verschwunden wären. Sie haben vielmehr unverändert ihren jedermann erkennbaren Ort auf der Gemeinplatzebene.

2. Es ist nötig, dem sich ausbreitenden Aberglauben entgegenzutreten, daß die in der Tat stets fällige Rückbindung der wissenschaftlich-technischen Entwicklung an den humanen Lebenssinn dieser Entwicklung in unserem liberalen politischen und wirtschaftlichen System nicht geleistet werden könne, so daß wir für die Sicherung des humanen Lebenssinns unserer Zivilisation eine ganz andere Republik bräuchten. Im Hinblick auf die aktuelle politische Farbenkonstellation grün-rot und mit Blick auf den Rot-Anteil in dieser Konstellation möchte ich mit ein paar Hinweisen plausibel zu machen versuchen, wieso speziell marxistisch geprägte Ideologien in besonderer Weise unfähig machen, Nutzen und Nachteil technologischer Entwicklungen pragmatisch gegeneinander abzuwägen und einzuschätzen.

Man erinnere sich an Lenins Diktum, Kommunismus sei Sowjetmacht plus Elektrizität. Der fragliche Sinn dieses Diktums läßt sich in drei Sätzen aus dem Geiste Lenins explizieren.

Zunächst: Politik als Herrschaft von Menschen über Menschen, den Staat als Instrument dieser Herrschaft, gibt es, solange Güter knapp sind und eben deswegen das Problem der Verteilung des gesellschaftlichen Arbeitsprodukts den Charakter eines politischen, das heißt allein durch Machtentscheidungen lösbaren Problems hat.

Sodann: Herrschaft wird schließlich überflüssig und damit zugleich Kommunismus möglich, wenn ein Zustand der Fülle, ja der Überfülle herrscht, so daß das Problem der Verteilung des gesellschaftlichen Arbeitsprodukts sich entpolitisiert, indem – um es in Kurzfassung zu sagen – vom Geben zum Nehmen übergegangen werden kann.

Schließlich: Industrie (»Elektrizität«), zur höchsten Produktivität gesteigert, ist die wissenschaftlich-technische Bedingung des Eintritts ins Endreich kommunistischer Freiheit, und entsprechend dominant ist im Sozialismus der ideologische Stellenwert des industriellen Fortschritts.

Es handelt sich bei diesen hier in äußerster Knappheit formulierten Ideologemen keineswegs um folgenlose Philosophie. Es ist einzig diese Philosophie, die uns erklärt, wieso im Mittelpunkt der politischen Emblematik im sogenannten realen Sozialismus Arbeitsgeräte stehen – Hammer und Sichel, oder auch, weniger grob, den Unterschied von Hand- und Kopfarbeit symbolisierend, Hammer und Zirkel im Staatswappen der DDR. Es ist eine Konsequenz dieser Philosophie, daß es in der offiziellen Kunstrichtung des Sozialistischen Realismus noch in den späten fünfziger Jahren lyrische Feiern von Traktoren und Kränen gab – später sogar zu Feiern von Datenverarbeitungsmaschinen verfeinert, mit denen sich die Verheißung verband, endlich die Feinsteuerungsprobleme einer zentralistisch verwalteten Planwirtschaft lösen zu können.

Das sollte man sich klarmachen, um politisch zu verstehen, warum die grünen Hoffnungen in roten Zukunftshorizonten ganz besonders geringe Erfüllungschancen haben. Mit diesem Argument möchte ich übrigens den Ernst vieler der Probleme, an denen diese grünen Hoffnungen sich entzünden, ausdrücklich herausgehoben und anerkannt haben. Unter dem Aspekt des Vergleichs der Systeme nach ihrer Fähigkeit, auf die Herausforderung jener ernsten Probleme zu reagieren, möchte ich lediglich geltend machen, daß für die Lösung dieser Probleme stets dann am besten gesorgt ist, wenn es gelungen ist, sie auf einen freien Markt zu bringen.

Diese These leugnet nicht, setzt vielmehr voraus, daß uns die technische Evolution in wachsendem Maße Lasten auflädt, die in Preiskalkulationen als Kosten zunächst gar nicht vorkommen: die wohlbekannten sogenannten externen Kosten. Die These besagt lediglich, daß »Marktpreisrelevanz« am ehesten in der Lage ist, diese Kosten zu senken. Mehr als alle Fernsehaufklärung und -propaganda haben die steigenden Energiepreise die Energiesparbereitschaft in unseren privaten Haushalten geweckt, und analog ist es der freie Markt, der rasch auch auf den speziellen Bedarf alternativer Lebenskultur sich einzustellen vermochte, vom ungebleichten Leinen bis zur kostenträchtigen, das heißt Verzichte erzwingenden Bio-Nahrung. Im realen Sozialismus ist dergleichen nicht zu haben.

3. Wissenschaft und Technik sind nicht nur Medien des Fortschritts; sie haben zugleich auch einen konservativen Sinn als Bedingungen einer Lebenskultur, die dem moralischen und politischen common sense unverändert der Erhaltung wert zu sein scheint. Dabei ist es so, daß sogar solche konservativen Zwecke ohne mannigfachen zusätzlichen Fortschritt gar nicht erreichbar sind. Einzig durch wissenschaftlichtechnischen Fortschritt wird es möglich sein, unsere Industrieproduktion, bei unserem Lohnniveau, auf dem Weltmarkt konkurrenzfähig zu halten. Nicht zuletzt unter dem Aspekt der Arbeitsplatzsicherung ist die Bedeutung der Wissenschaft in praxisorientierter Forschung und Entwicklung auch künftig wachsend und nicht etwa abnehmend.

Dabei handelt es sich bei den wissenschaftlichen und technologischen Fortschritten, die wir insoweit auch künftig wollen müssen, nicht um einen ziellosen Leerlauf, und es ist nicht eine zielblinde Wachstumsideologie, der man huldigt, indem man die Nötigkeit dieser Fortschritte geltend macht. Gerade die Mikroelektronik und mit ihr die Informations- und Steuerungstechnologie ist es ja, auf die wir gerade auch unter dem Aspekt ökologischer Zukunftsvorsorge angewiesen sein werden. Nur über sie lassen sich Fluß und Verbrauch von Energie und Material optimieren, und die entscheidenden Medien zur Erhöhung der Sicherheit technischer Systeme sind sie ohnehin.

Die anwachsende Gefährlichkeit vieler Fortschritte – von der anwachsenden Mißbrauchsgefahr bis zu der anwachsenden Reichweite ihrer Schädlichkeitsnebenfolgen – soll damit, wie gesagt, nicht geleugnet sein. Aber auf irreversible Weise wächst damit zugleich die Bedeutung der Wissenschaft als das entscheidende Medium zur Früherkennung solcher Gefahren. Sogar das ökologische Krisenbewußtsein der Gegenwart beruht ja nur zum Teil auf Wirkungen, die bereits bis in unsere individuelle Existenz durchgeschlagen sind. Es verdankt sich zum größeren Teil der publizistischen Verbreitung wissenschaftlicher Vermessung von Trends, die in eine Zukunft weisen, die allerdings unerträglich wäre, wenn wir unterstellen müßten, ihre pure Extrapolation sei mit ihrem tatsächlichen Verlauf identisch. Eben das aber wird ja um so unwahrscheinlicher, je früher und gründlicher solche Trendvermessung erfolgt und je nachhaltiger ihre Publikation unsere Einstellung und Verhaltensweisen ändert.

In der Quintessenz heißt das: Die Wissenschaftler selbst sind es ja, die heute die Rolle der Kassandra übernommen haben, und auch das ist ein Teil ihrer Unentbehrlichkeit. Es ist freilich ein Irrtum, anzunehmen, daß die Bereitschaft des Publikums, auf Kassandrentöne zu hören, mit dem Maß ihrer Übertreibung beim Anstimmen solcher Töne zunimmt. Die Erzeugung von Angst und Panik ist stets das sicherste Mittel, eine objektiv schwierige Lage subjektiv unbestehbar zu machen.

4. Es ist Nonsens, erwarten zu wollen, daß das Massenelend in der Dritten Welt sich ohne einen kulturellen Transfer unserer Wissenschaft und Technik dämpfen oder gar beseitigen ließe. Damit ist selbstverständlich nicht unterstellt, die zivilisatorische Evolution in jenen Ländern müssen sich nach dem historischen Muster unserer eigenen vollziehen, und es ist gleichfalls nicht unterstellt, daß die Herkunftskulturen jener Länder es nicht wert wären, sich in den ablaufenden Modernisierungsprozessen zu behaupten. Aber das ändert an der Tatsache nichts, daß moderne Wissenschaft und Technologie überall in der Welt ein integraler Bestandteil der Modernisierung sind.

Der vermeintliche Moralismus, der vormoderne Kulturen vor dem europäischen Sündenfall wissenschaftlich-technischer Modernisierung schützen möchte, ist in Wahrheit ein eurozentrischer Immoralismus aus zivilisationsüberdrüssiger Selbstbezogenheit. Jedermann begreift doch die Wünschbarkeit, ja die Notwendigkeit sauberer Schelfmeere und ihrer Strände bei uns wie in Westafrika. Und daraus kann man keinesfalls die Folgerung ableiten, es sei besser, dort mit der Industrialisierung erst gar nicht zu beginnen. Die Reaktion auf diese Folgerung müßte nämlich sein, was ein schwarzer Delegierter bei der UNO-Umweltschutzkonferenz in Stockholm den Europäern aus gegebenem Anlaß entgegenrief: Eure Sorgen möchten wir haben!

5. Die Verteidigung unserer von Wissenschaft und Technik geprägten zivilisatorischen Lebensbedingungen hat, wie man sieht, nicht nur einen technischen, sondern auch einen moralischen Sinn, und es ist entsprechend nötig, die moralischen Irrationalismen aufzudecken, die sich in nicht wenigen Fällen hinter der aktuellen Technologiekritik verbergen. Ein solcher Irrationalismus ist das Handeln nach dem Nassauer-Prinzip, z. B. bei jenem Umweltschützer, der sich weigert, den Kernenergieanteil am häuslichen Stromkonsum zu bezahlen, und der den entsprechenden Betrag an eine grüne Aktionskasse abführt, anstatt auf den Konsum jenes Stromanteils zu verzichten oder ihn privat zu erzeugen.

Es ist selbstverständlich jedermann unbenommen, mit moralischer Rigorosität auf die Wohlfahrt, wie sie einzig unsere Zivilisation bieten kann, zu verzichten und im Ernst einen Versuch zu machen, alternativ zu existieren. Es ist aber keineswegs respektabel, sich in solchen Versuchen mit moralischer Aggressivität gegen unsere Industriegesellschaft zu kehren, deren Umverteilungsleistungen man zugleich auch ungeniert für sich selbst in Anspruch nimmt.

Ein weiterer Irrationalismus, nach dem heute moralisch widerspruchsvoll in technikfeindlichen politischen Aktivitäten gehandelt wird, ist der Grundsatz »Wasch mir den Pelz, aber mach mich nicht naß«! Die Geltung genau dieses Prinzips erläutere ich gern am Beispiel jener mir bekannten engagierten Jungdemokratin, die in ihrer häuslichen Küche eine energie- und abwasserreiche Spülmaschine installieren läßt, um Zeit zu gewinnen, die sie braucht, um an Protestaktivitäten gegen den benachbarten Kernkraftwerk- und Chemiewerkbau teilzunehmen.

Beispiele analog Handelnder sind unabzählbar von jenen Protestlern, die gleichzeitig für forcierten Wohnungsbau wie gegen die Eröffnung einer weiteren Kiesgrube eintreten, bis zu jenen Pfahlbürgern, die in ihren Wohnquartieren gleichzeitig gegen den individuellen Pkw-Verkehr wie auch gegen die Aufstellung von E-Masten protestieren, die nötig sind, um eine Bundesbahnstrecke leistungsfähiger zu machen.

6. Die Kritik an den skizzierten Irrationalismen im aktuellen Technologie-Protest unterstellt nicht, daß es zu Besorgnissen über die Zukunft der wissenschaftlich-technischen Zivilisation keinen Anlaß gäbe. Die fällige moralische und politische Verteidigung dieser Zivilisation schließt daher die Nötigkeit ein, sich den Gründen zu stellen, die uns tatsächlich besorgt machen müssen. Die Rhetorik der Beschwichtigung ist ungeeignet, das Vertrauen in die Zukunftsfähigkeit unserer Zivilisation wieder allgemein zu machen. Es gibt sogar Gründe anzunehmen, daß unser Verhältnis zur wissenschaftlich-technischen Zivilisation sich in irreversibler Weise zu einem Verhältnis größerer kultureller Distanz entwickelt hat, so daß jeder Versuch, erneut den Glanz der Euphorie über dieses Verhältnis zu legen, in Unglaubwürdigkeit enden müßte.

Gleichwohl bleibt die gegenwärtig sich ausbreitende Wissenschafts- und Technik-Aversion unzulässig. Zunächst sind es ja die Wissenschaften selbst, auf die wir angewiesen sind, um prekäre Trends unserer zivilisatorischen Evolution in ihren Ursachen erkennen und in ihren Auswirkungen abschätzen zu können. Sodann sind es wiederum diese Wissenschaften, ohne die wir zu fälligen Gegensteuerungen nicht mehr in der Lage wären.

Gegen diese Argumentation gibt es die rhetorisch längst standardisierte Gegenargumentation, es sei doch der Beweis der vollendeten Sinnlosigkeit unserer Zivilisation, daß sie im wachsenden Maße Wissenschaft und Technik benötigt, um die Folgelasten von Wissenschaft und Technik erträglich zu machen. Aber diese Gegenargumentation sticht nicht. Denn was in Wirklichkeit abläuft, ist dieses: Wir geraten in sich mehrenden Teilbereichen unseres zivilisatorischen Lebenszusammenhangs unter den Druck der Erfahrung eines abnehmenden Grenznutzens. Diese Erfahrung desavouiert aber nicht den Lebenssinn dieser Zivilisation; sie bekräftigt vielmehr, indem sie den Lebenssinn unseres Systems unberührt läßt, die Banalität, daß in einem endlichen System unendliches Wachstum nicht stattfinden kann. Zu

deutsch: Bäume wachsen nicht in den Himmel. Aber wer es deshalb für erforderlich
hielte, ihnen die Kräfte zu entziehen, die sie wachsen ließen, würde sie absterben
lassen.
[ . . . ]

## 1.7 Unter welchen Umständen kann man noch von Fortschritt sprechen?

> *Robert Spaemann:* Unter welchen Umständen kann
> man noch von Fortschritt sprechen?
>
> Die Idee des Fortschritts, wenn diese mehr sein soll als eine
> bloße Veränderung der Verhältnisse und eine Verbesserung
> der Welt, widerspricht dem Kantischen Begriff der Menschenwürde.
>
> *Hannah Arendt,*
> Vom Leben des Geistes, Bd. 2, S. 226

*Zwei Typen von Fortschritten*

Das Wort »Fortschritt« bezeichnet eine bestimmte Interpretation von Veränderungen. Wir sagen: »Ein Kind hat Fortschritte im Rechnen gemacht«; »Ein Musikstudent hat Fortschritte im Klavierspiel gemacht«. Wir sagen: »Die Erfindung des Penicillins war ein bedeutender Fortschritt der Medizin auf dem Wege der Bekämpfung von Infektionskrankheiten; die Einrichtung von Fußgängerzonen war ein Fortschritt in der Humanisierung des Stadtlebens, und die Atombombe war ein Fortschritt in der Kriegstechnik.« Dreierlei ist bei einer sinnvollen Verwendung des Wortes »Fortschritt« vorausgesetzt:
1. die Angabe eines Bereiches, innerhalb dessen ein Fortschritt stattfindet; dieser Bereich muß
2. durch Vorgabe eines Zieles oder Zweckes definiert sein, in bezug worauf Veränderungen als Verbesserungen interpretierbar sind;
3. aber nennt man nur solche Verbesserungen Fortschritte, die nicht identisch sind mit der Erreichung des Zieles selbst. Wir sprechen z. B. von Fortschritten bei einem Hausbau. Aber die letzte Vollendung des Hauses nennt niemand einen Fortschritt. Der letzte Schritt war vielmehr der Zweck aller vorhergehenden Fortschritte.
Unter diesem Gesichtspunkt können wir zwei Typen von Fortschritten unterscheiden: solche, die ihren Sinn überhaupt erst von einem Ende her gewinnen, und solche, die unabhängig von einem solchen Ende Verbesserungen darstellen. Beispiel für den ersten Typus ist der Hausbau. Ob ein Haus zu einem oder zu zwei Dritteln fertig ist, macht nur deshalb einen Unterschied, weil im zweiten Falle die Fertigstellung nähergerückt ist. Wüßten wir im vorhinein, daß der Bau unvollendet bleiben wird, so würden wir das zweite Drittel gar nicht bauen; denn bewohnbar ist das Haus im zweiten Stadium so wenig wie im ersten. Anders ist es, wo wir von Fortschritten im Klavierspiel, in der Medizin oder in der Kriegstechnik sprechen. Diese Fortschritte haben auch dann Sinn, wenn kein Endzustand erreicht wird. Ja, wir können hier gar nicht einmal sagen, was ein solcher Endzustand eigentlich wäre. Der Verschiedenartigkeit der beiden Fortschrittsbegriffe liegt eine Verschiedenartigkeit der entsprechenden Zweckbegriffe zugrunde. Im Falle des Hausbaus liegt der den Fortschritt definierende Zweck in der Zukunft. Es handelt sich darum, daß

etwas gemacht, daß ein Ding, ein Ganzes hergestellt wird. Die Teile, aus denen es konstruiert wird, empfangen ihren Sinn nur von diesem künftigen Ganzen her. Wenn dieses nicht zustande kommt, haben sie gar keinen Sinn. Und ob jemand etwas schneller oder langsamer zum Bahnhof gelaufen ist, macht am Ende keinen Unterschied, wenn beide den Zug verpassen. Beim anderen Typus von Fortschritt liegen die Dinge so: Das Telos, der Zweck des Prozesses, ist bereits realisiert, wenn der Prozeß beginnt. Die Totalität, um die es geht, existiert schon, z. B. ein Mensch, eine Gemeinschaft von Menschen, eine Institution. Fortschritt heißt in diesem Falle nicht: Herstellung eines Ganzen, Erreichung eines Endzieles, sondern Dienst an einem bereits existierenden Endzweck, worin dieser auch bestehen mag, vielleicht auch Verbesserung eines bereits Existierenden. Man muß bei Fortschritten dieser Art nicht ein zu erreichendes Optimum angeben können. Es genügt, eine Richtung anzugeben, die es erlaubt, große von kleinen Verbesserungen und Verbesserungen von Verschlechterungen zu unterscheiden. Der Fortschritt ist hier nicht Annäherung an ein Endziel. Die Instanz der Sinngebung für die einzelnen Schritte ist nicht ein in der Zukunft liegendes Ziel; der Sinn ist vielmehr stets schon präsent, unabhängig von den Fortschritten, die in seinem Dienste geschehen. Es ist häufig der Fall, daß wir bestimmte Veränderungen unter dem doppelten Aspekt beider Fortschrittsbegriffe betrachten können. So kann jemand Klavier üben, um Beethovens Hammerklaviersonate eines Tages spielen zu können. Es mag sein, er erreicht dieses Ziel nicht. Dennoch waren die Fortschritte nicht unnütz. Denn er hat gleichwohl Klavierspielen gelernt und kann zu seiner und zu seiner Freunde Freude vieles spielen, wenn auch nicht die Hammerklaviersonate. Die Beziehung kann auch umgekehrt sein: Die Erreichung eines Zieles kann verstanden werden als Stadium auf dem Weg weiterer Fortschritte. Die Herstellung eines Autos dient z. B. dem Erwerber des Autos zur Erleichterung seiner Berufstätigkeit oder zur Verbesserung seiner Lebensumstände. Oder die Herstellung kann betrachtet werden als Stadium auf dem Weg des Fortschritts der Autotechnik.

Die Unterscheidung, die wir getroffen haben, ist von großer Bedeutung. Sie ist übrigens im Prinzip nicht neu. Die auf Aristoteles zurückgehende Differenzierung des Zweckbegriffs in einen »finis quo« und einen »finis cuius« entspricht ungefähr der hier eingeführten Unterscheidung. Nennen wir im folgenden jene Fortschritte, die als Stadien auf einem Wege zu einem Endziel verstanden werden und allein durch die Erreichung dieses Endziels ihre Rechtfertigung finden, A-Fortschritte; Fortschritte als Verbesserung im Dienste eines lebenden Organismus, eines Menschen, einer Gemeinschaft, einer Institution dagegen B-Fortschritte. Es ist dann für ein sinnvolles menschliches Leben von der größten Bedeutung, daß der abstrakte und deshalb untergeordnete Charakter von A-Fortschritten bewußt bleibt und daß solche Fortschritte stets eingebunden bleiben in B-Fortschritte oder zumindest nicht durch B-Rückschritte erkauft werden. [ . . . ]

*Krise des Fortschrittsgedankens in der Wissenschaft selbst*
[ . . . ]
Wissenschaft in ihrem neuzeitlichen Konzept wird uns selbst erstmals zu einem Paradigma, vor dessen möglicher Ablösung wir stehen. Wir sehen heute, daß die Dynamik dieser Wissenschaft unter zwei leitenden Interessen stand, die beide auch

als die zwei Seiten eines identischen Interesses verstanden werden können: Naturbeherrschung und Emanzipation. Dieses Interesse war ausdrücklich gekehrt gegen jene ältere Wissenschaft, die zum Ziel so etwas wie Wesenserkenntnis hatte, d. h. ein Verstehen der Welt, das es uns möglich macht, uns selbst als der erkannten Welt zugehörig und gleichwohl als handelnde Wesen verstehen zu können. Das Paradigma für einen natürlichen Gegenstand, für eine Substanz, war für diese Wissenschaft der lebendige, erkennende, fühlende und wollende Mensch selbst. Alles, was überhaupt ist, muß diesem auf noch so entfernte Weise ähnlich sein. Für die neuzeitliche Wissenschaft gilt etwas erst dann als erkannt, wenn es alle Ähnlichkeit mit Geist, Leben, Fühlen und Wollen abgestreift hat. Fortschritt der Wissenschaft heißt: fortschreitendes Abstreifen jedes Anthropomorphismus und fortschreitende Rekonstruktion des Lebendigen und schließlich des Menschen selbst aus Elementen einer objektivierten, d. h. toten Natur, und damit Beherrschbarkeit der Natur, auch der menschlichen.

Beherrschung der Natur – das heißt gleichzeitig: Emanzipation, Befreiung von der Natur durch ihre Vergegenständlichung. Der Prozeß der Vergegenständlichung hat nun auch die menschliche Natur erreicht: Ihre zweckrationale Konditionierung wird zum Forschungsziel. »Freedom and dignity«, in deren Namen einst die Emanzipation begonnen wurde, werden nun selbst zu Relikten unaufgeklärter Mythologie, und schon die Entstehung des Menschen wird wissenschaftlich von der Selbstvergessenheit des Beischlafs abgekoppelt. Die Frage, wer sich eigentlich hier emanzipiert, wer eigentlich das Subjekt der vollendeten Naturbeherrschung ist, stellt sich damit allerdings unabweisbar und immer dringlicher. Geht es, so können wir fragen, um die Befreiung eines abstrakten, rein spirituellen Freiheitssubjekts bzw. eines Bündels angenehmer und unangenehmer Empfindungen von allen durch es selbst nicht gesetzten natürlichen und geschichtlichen Bedingungen seines Daseins, oder geht es um die Freiheit des Lebewesens Mensch, d. h. um seine Entfaltungsmöglichkeit in dem ihm eigentümlichen Wesensraum, zu dem auch die natürlichen und kosmischen Bedingungen gehören, die diesen Lebensraum konstituieren, sowie die moralischen Normen, die sich daraus ergeben, daß natürliche Wesen zugleich Personen sind? In einem Falle wäre der Gipfel des Fortschritts erreicht, wenn es uns gelänge, menschliche Gehirne in einer Lösung schwimmend am Leben zu erhalten, den in diesen Gehirnen vorausgesetzten Subjekten durch elektrische Ströme permanent euphorische Empfindungen zu induzieren und das Leben abzuschalten, sobald sich Anzeichen des Nachlassens der Euphorie zeigen. Diese Tätigkeit des An- und Abschaltens müßte durch Computer geschehen. Das wäre sozusagen der Idealzustand. Da er vermutlich utopisch bleiben wird, bietet sich als zweitbester ersatzweise die perfekte wissenschaftlich gesteuerte Zucht, Aufzucht und Manipulation der Menschenmassen unter Gesichtspunkten optimaler Systemfunktionalität durch eine Gruppe wissenschaftlicher Herrscher, die selbst alle Bindungen an so etwas wie ein Wesen des Menschen, an ein »Tao«, an Vorurteile wie Freiheit und Menschenwürde abgestreift haben, mit anderen Worten: die voll emanzipiert sind, nämlich von dem, was in der bisherigen Geschichte Menschsein hieß.

Wenn wir das alles nicht wollen, müssen wir dem Begriff Fortschritt heute einen restriktiveren, einen bescheideneren Sinn geben. Wir müssen ihn als B-Fortschritt und nur als solchen verstehen, d. h. als einen Fortschritt, dessen wesentlicher

Zweck, nämlich der Mensch, schon realisiert ist, so daß es sich immer nur um die Begünstigung der wesensgemäßen Entfaltung von Menschen unter wechselnden Umständen handeln kann. *Wenn wir den Gedanken an Freiheit und Würde, also den Selbstzweckcharakter des Menschen festhalten, dann gibt es so etwas wie einen universalen A-Fortschritt nur als Evolution bis hin zum ersten Menschen. Aller weitere Fortschritt kann nicht ein substantieller, sondern nur ein akzidenteller sein.*
[ . . . ]

*Fortschritte statt Fortschritt*

Die Frage bleibt: Was ist mit demjenigen Wissen, das Menschen Macht über andere Menschen verleiht? Die Forderung nach demokratischer Machtkontrolle ist keine Patentlösung dieses Problems: Denn um die Macht der Wissenden zu kontrollieren, muß der Kontrolleur selbst über das Wissen verfügen; er ist es also, der selbst Macht ausübt. Vor allem aber gibt es eine Macht, die wesentlich für die von ihr Betroffenen unkontrollierbar ist: die Macht der Lebenden über die kommenden Generationen. Je größer das Wissen, je größer die Technologie, je gewaltiger die Investitionen, um so irreversibler sind die Weichen, die die Lebenden für ihre Nachkommen stellen. Insofern bedeutet technischer Fortschritt von einem gewissen Zeitpunkt an stetig abnehmende Freiheit der aufeinanderfolgenden Generationen, ihre Lebensumstände selbst zu gestalten. Die aufkommende Fortschritts- und Technikkritik vieler Jugendlicher in den Industrieländern hängt mit der Erfahrung zusammen, daß dieser Zeitpunkt abnehmender Freiheit bereits gekommen ist, während doch andererseits die abstrakte, die »mögliche Freiheit« ins Ungemessene wächst: Erstmals rückt der kollektive Selbstmord der Menschheit in den Bereich des Möglichen, so daß wir sagen können, daß die Existenz der Gattung selbst in die Verfügungsgewalt der Gattung tritt. Und die Natur hört auf, ein unendliches, aller menschlichen Verantwortung enthobenes Reservoir von Ressourcen zu sein, das zudem alle Nebenfolgen menschlicher Handlungen langfristig wieder absorbiert. So rückt auch die Natur selbst in den Verantwortungsbereich menschlicher Freiheit. Das Neue in dieser Situation liegt jedoch darin, daß diese potentielle Freiheit ihre sinnvolle Realisierung nicht mehr durch ein Tun, sondern nur durch ein Lassen finden kann. »Sein-Lassen« erweist sich als höchster Akt menschlicher Freiheit. »Fortschrittlich« im emphatischen Sinne kann heute nur noch ein solches auf Sein-Lassen tendierendes Denken sein. Hinsichtlich unserer Aktivitäten aber müssen wir prinzipiell die Idee eines A-Fortschritts für die Menschheit, den Mythos des Fortschritts im Singular überhaupt, preisgeben und sie durch den einzig vernünftigen Begriff von akzidentellen Fortschritten und Rückschritten, von Verbesserungen und Verschlechterungen ablösen. Der Begriff »Fortschritt« im Singular ist längst zu einem Instrument der Selbstentfremdung des Menschen geworden. Er verhindert, daß Fortschritte im Plural initiiert werden, und er verhindert, daß Veränderungen jeder Art von den durch sie Betroffenen vorurteilslos daraufhin befragt werden, ob es sich um Verbesserungen oder Verschlechterungen handelt.

## 2 Was ist und wie entsteht Wissenschaft?

### 2.1 Das Experiment

*Bertolt Brecht:* Das Experiment

Die öffentliche Laufbahn des großen Francis Bacon endete wie eine billige Parabel über den trügerischen Spruch »Unrecht macht sich nicht bezahlt«. Als der höchste Richter des Reiches wurde er der Bestechlichkeit überführt und ins Gefängnis geworfen. Die Jahre seiner Lordkanzlerschaft rechnen mit all den Exekutionen, Vergebungen schädlicher Monopole, Verhängungen ungesetzlicher Verhaftungen und Fällungen diktierter Urteilssprüche zu den dunkelsten und schändlichsten der englischen Geschichte. Nach seiner Entlarvung und seinem Geständnis bewirkte sein Weltruf als Humanist und Philosoph, daß seine Vergehen weit über die Grenzen des Reiches hinaus bekannt wurden.

Er war ein alter Mann, als man ihm gestattete, aus dem Gefängnis auf sein Landgut zurückzukehren. Sein Körper war geschwächt durch die Anstrengungen, die es ihn gekostet hatte, andere zu Fall zu bringen, und die Leiden, die andere ihm zugefügt hatten, als sie ihn zu Fall brachten. Aber kaum zu Hause angekommen, stürzte er sich in das intensivste Studium der Naturwissenschaften. Über die Menschen zu herrschen, war ihm mißlungen. Nun widmete er die ihm verbliebenen Kräfte der Untersuchung, wie die Menschheit am besten die Herrschaft über die Naturkräfte gewinnen könnte.

Seine Forschungen, nützlichen Dingen gewidmet, führten ihn aus der Studierstube immer wieder auf die Felder, in die Gärten und zu den Stallungen des Gutes. Er unterhielt sich stundenlang mit den Gärtnern über die Möglichkeiten, die Obstbäume zu veredeln, oder gab den Mägden Anweisungen, wie sie die Milchmengen der einzelnen Kühe messen könnten. Dabei fiel ihm ein Stalljunge auf. Ein wertvolles Pferd war erkrankt, und der Junge erstattete zweimal am Tag dem Philosophen Bericht. Sein Eifer und seine Beobachtungsgabe entzückten den alten Mann.

Als er jedoch eines Abends in den Stall kam, sah er eine alte Frau bei dem Jungen stehen und hörte sie sagen: »Es ist ein schlechter Mensch, gib acht vor ihm. Und wenn er ein noch so großer Herr ist und Geld wie Heu hat, er ist doch schlecht. Er ist dein Brotgeber, also mach deine Arbeit pünktlich, aber wisse immer, er ist schlecht.«

Der Philosoph hörte die Antwort des Jungen nicht mehr, da er schnell umkehrte und ins Haus zurückging, aber er fand den Jungen ihm gegenüber am nächsten Morgen unverändert.

Als das Pferd wieder gesund war, ließ er sich von dem Jungen auf vielen seiner Gänge begleiten und vertraute ihm kleinere Aufgaben an. Nach und nach gewöhnte er sich daran, mit ihm über einige Experimente zu reden. Dabei wählte er keineswegs Wörter, die für gemeinhin Erwachsene dem Verständnis von Kindern angepaßt glauben, sondern redete zu ihm wie mit einem Gebildeten. Er hatte zeit seines Lebens mit den größten Geistern Umgang gepflogen und war selten verstanden worden, und nicht, weil er zu unklar, sondern weil er zu klar war. So kümmerte er sich nicht um die Mühen des Jungen; jedoch verbesserte er ihn geduldig, wenn er seinerseits sich mit den fremden Wörtern versuchte.

Die Hauptübung für den Jungen bestand darin, daß er die Dinge, die er sah, und die Prozesse, die er miterlebte, zu beschreiben hatte. Der Philosoph zeigte ihm, wie viele Wörter es gab und wie viele nötig waren, damit man das Verhalten eines Dinges so beschreiben konnte, daß es halbwegs erkennbar aus der Beschreibung war und, vor allem, daß es nach der Beschreibung behandelt werden konnte. Einige Wörter gab es auch, die man besser nicht verwendete, weil sie im Grund nichts besagten, Wörter wie »gut«, »schlecht«, »schön« und so weiter.

Der Junge sah bald ein, daß es wenig Sinn hatte, einen Käfer »häßlich« zu nennen. Selbst »schnell« war noch nicht genug, man mußte angeben, wie schnell er sich bewegte, im Vergleich mit andern Geschöpfen seiner Größe, und was ihm das ermöglichte. Man mußte ihn auf eine abschüssige Fläche setzen und auf eine glatte und Geräusche verursachen, damit er weglief, oder kleine Beutestücke für ihn aufstellen, auf die er sich zubewegen konnte. Hatte man sich lang genug mit ihm beschäftigt, verlor er »schnell« seine Häßlichkeit. Einmal mußte der Junge ein Stück Brot beschreiben, das er in der Hand hielt, als der Philosoph ihn traf.

»Hier kannst du das Wort ›gut‹ ruhig verwenden«, sagte der alte Mann, »denn das Brot ist zum Essen von Menschen gemacht und kann für ihn gut oder schlecht sein. Nur bei größeren Gegenständen, welche die Natur geschaffen hat und welche nicht ohne weiteres zu bestimmten Zwecken geschaffen sind und vor allem nicht nur zum Gebrauch durch die Menschen, ist es töricht, sich mit solchen Wörtern zu begnügen.« Der Junge dachte an die Sätze seiner Großmutter über Mylord.

Er machte schnelle Fortschritte im Begreifen, da ja alles immer auf ganz Greifbares hinauslief, was begriffen werden sollte, daß das Pferd durch die angewendeten Mittel gesund wurde oder ein Baum durch die angewendeten Mittel einging. Er begriff auch, daß immer ein vernünftiger Zweifel zurückzubleiben hatte, ob an den Veränderungen, die man beobachtete, wirklich die Methoden schuld waren, die man anwendete. Die wissenschaftliche Bedeutung der Denkweise des großen Bacon erfaßte der Junge kaum, aber die offenbare Nützlichkeit aller dieser Unternehmungen begeisterte ihn.

Er verstand den Philosophen so: Eine neue Zeit war für die Welt angebrochen. Die Menschheit vermehrte ihr Wissen beinahe täglich. Und alles Wissen galt der Steigerung des Wohlbefindens und des irdischen Glücks. Die Führung hatte die Wissenschaft. Die Wissenschaft durchforschte das Universum, alles, was es auf Erden gab, Pflanzen, Tiere, Boden, Wasser, Luft, damit mehr Nutzen daraus gezogen werden konnte. Nicht was man glaubte, war wichtig, sondern was man wußte. Man glaubte viel zuviel und wußte viel zuwenig. Darum mußte man alles ausprobieren, selber, mit den Händen, und nur von dem sprechen, was man mit eigenen Augen sah und was irgendeinen Nutzen haben konnte.

Das war die neue Lehre, und immer mehr Leute wandten sich ihr zu, bereit und begeistert dafür, die neuen Arbeiten vorzunehmen.

Die Bücher spielten eine große Rolle dabei, wenn es auch viele schlechte gab. Der Junge war sich klar darüber, daß er zu den Büchern vordringen mußte, wenn er zu den Leuten gehören wollte, die die neuen Arbeiten vornahmen.

Natürlich kam er nie so weit wie in die Bibliothek des Hauses. Er hatte Mylord vor

den Stallungen zu erwarten. Höchstens konnte er einmal, wenn der alte Mann mehrere Tage nicht gekommen war, sich von ihm im Park treffen lassen. Jedoch wurde seine Neugierde auf die Studierstube, in der allnächtlich so lange die Lampe brannte, immer größer. Von einer Hecke aus, die gegenüber dem Zimmer stand, konnte er einen Blick auf Bücherregale werfen.
Er beschloß, lesen zu lernen.
Das war freilich nicht einfach. Der Kurat, zu dem er mit seinem Anliegen ging, betrachtete ihn wie eine Spinne auf dem Frühstückstisch.
»Willst du den Kühen das Evangelium des Herrn vorlesen?« fragte er übellaunig. Und der Junge konnte froh sein, ohne Maulschelle wegzukommen.
So mußte er einen anderen Weg wählen.
In der Sakristei der Dorfkirche lag ein Meßbuch. Hineingelangen konnte man, indem man sich zum Ziehen des Glockenstranges meldete. Wenn man nun in Erfahrung bringen konnte, welche Stelle der Kurat bei der Messe sang, mußte es möglich sein, zwischen den Wörtern und den Buchstaben einen Zusammenhang zu entdecken. Auf alle Fälle begann der Junge bei der Messe die lateinischen Wörter, die der Kurat sang, auswendig zu lernen, wenigstens einige von ihnen. Freilich sprach der Kurat die Wörter ungemein undeutlich aus, und allzuoft las er die Messe nicht. Immerhin war der Junge nach einiger Zeit imstande, ein paar Anfänge dem Kuraten nachzusingen. Der Stallmeister überraschte ihn bei einer solchen Übung hinter der Scheune und verprügelte ihn, da er glaubte, der Junge wolle den Kuraten parodieren. So wurden die Maulschellen doch noch geliefert.
Die Stelle im Meßbuch festzustellen, wo die Wörter, die der Kurat sang, standen, war dem Jungen noch nicht gelungen, als eine große Katastrophe eintrat, die seinen Bemühungen, lesen zu lernen, zunächst ein Ende bereiten sollte. Mylord fiel in eine tödliche Krankheit.
Er hatte den ganzen Herbst lange gekränkelt und war im Winter nicht erholt, als er in einem offenen Schlitten eine Fahrt zu einem einige Meilen entfernten Gut machte. Der Junge durfte mitkommen. Er stand hinten auf der Kufe, neben dem Kutschbock.
Der Besuch war gemacht, der alte Mann stapfte, von seinem Gastgeber begleitet, zum Schlitten zurück, da sah er am Weg einen erfrorenen Spatzen liegen. Stehenbleibend drehte er ihn mit dem Stock um.
»Wie lange, denken Sie, liegt er schon hier?« hörte ihn der Junge, der mit einer Warmwasserbottel hinter ihm hertrottete, den Gastgeber fragen.
Die Antwort war: »Von einer Stunde bis zu einer Woche oder länger.«
Der kleine alte Mann ging sinnend weiter und nahm von seinem Gastgeber nur einen sehr zerstreuten Abschied.
»Das Fleisch ist noch ganz frisch, Dick«, sagte er, zu dem Jungen umgewendet, als der Schlitten angezogen hatte.
Sie fuhren eine Strecke Weges, ziemlich schnell, da der Abend schon über die Schneefelder herabdämmerte und die Kälte rasch zunahm. So kam es, daß beim Einbiegen in das Tor zum Gutshof ein anscheinend aus dem Stall entkommenes Huhn überfahren wurde. Der alte Mann folgte den Anstrengungen des Kutschers, dem steifflatternden Huhn auszuweichen, und gab das Zeichen zum Halten, als das Manöver mißglückt war.

39

Sich aus seinen Decken und Fellen herausarbeitend, stieg er vom Schlitten und, den Arm auf den Jungen gestützt, ging er, trotz der Warnungen des Kutschers vor der Kälte, zu der Stelle zurück, wo das Huhn lag.

135 Es war tot.

Der alte Mann hieß den Jungen es aufheben.

»Nimm die Eingeweide heraus«, befahl er.

»Kann man es nicht in der Küche machen?« fragte der Kutscher, seinen Herrn, wie er so gebrechlich im kalten Wind stand, betrachtend.

140 »Nein, es ist besser hier«, sagte dieser, »Dick hat sicher ein Messer bei sich, und wir brauchen den Schnee.«

Der Junge tat, was ihm befohlen war, und der alte Mann, der anscheinend seine Krankheit und die Kälte vergessen hatte, bückte sich selber und nahm mühevoll eine Hand voll Schnee auf. Sorgfältig stopfte er den Schnee in das Innere des Huh-

145 nes.

Der Junge begriff. Auch er hob Schnee auf und gab ihn seinem Lehrer, damit das Huhn vollends ausgefüllt werden konnte.

»Es muß sich so wochenlang frisch halten«, sagte der alte Mann lebhaft, »legt es auf kalte Steinfliesen im Keller!«

150 Er ging den kurzen Weg zur Tür zu Fuß zurück, ein wenig erschöpft und schwer auf den Jungen gestützt, der das mit Schnee ausgestopfte Huhn unter dem Arm trug.

Als er in die Halle trat, schüttelte ihn der Frost.

Am nächsten Morgen lag er in hohem Fieber.

Der Junge strich bekümmert herum und suchte überall etwas über das Befinden

155 seines Lehrers aufzuschnappen. Er erfuhr wenig, das Leben auf dem großen Gut ging ungestört weiter. Erst am dritten Tag kam eine Wendung. Er wurde in das Arbeitszimmer gerufen.

Der alte Mann lag auf einem schmalen Holzbrett unter vielen Decken, aber die Fenster standen offen, so daß es kalt war. Der Kranke schien dennoch zu glühen.

160 Mit schütterer Stimme erkundigte er sich nach dem Zustand des mit Schnee gefüllten Huhnes.

Der Junge berichtete, daß es unverändert frisch aussah.

»Das ist gut«, sagte der alte Mann befriedigt. »Gib mir in zwei Tagen wieder Bericht!«

165 Der Junge bedauerte, als er wegging, daß er das Huhn nicht mitgenommen hatte. Der alte Mann schien weniger krank zu sein, als man in der Dienerschaftsdiele behauptete.

Er wechselte zweimal am Tag den Schnee mit frischem aus, und das Huhn hatte nichts von seiner Unversehrtheit verloren, als er sich von neuem auf den Weg in das

170 Krankenzimmer machte.

Er traf auf ganz ungewöhnliche Hindernisse.

Aus der Hauptstadt waren Ärzte gekommen. Der Korridor summte von wispernden, kommandierenden und untertänigen Stimmen, und überall gab es fremde Gesichter. Ein Diener, der eine mit einem großen Tuch zugedeckte Platte ins Kranken-

175 zimmer trug, wies ihn barsch fort.

Mehrmals, den ganzen Vormittag und Nachmittag über, machte er vergebliche Versuche, in das Krankenzimmer zu gelangen. Die fremden Ärzte schienen sich im

Schloß niederlassen zu wollen. Sie kamen ihm wie riesige schwarze Vögel vor, die sich auf einem kranken Mann niederließen, der wehrlos geworden war. Gegen Abend versteckte er sich in einem Kabinett auf dem Korridor, in dem es sehr kalt war. Er zitterte beständig vor Frost, hielt dies aber für günstig, da ja das Huhn im Interesse des Experiments unbedingt kalt gehalten werden mußte.
Während des Abendessens ebbte die schwarze Flut etwas ab, und der Junge konnte in das Krankenzimmer schlüpfen.
Der Kranke lag allein, alles war beim Essen. Neben dem kleinen Bett stand eine Leselampe mit grünem Schirm. Der alte Mann hatte ein sonderbar zusammengeschrumpftes Gesicht, das eine wächserne Blässe aufwies. Die Augen waren geschlossen, aber die Hände bewegten sich unruhig auf der steifen Decke. Das Zimmer war sehr heiß, die Fenster hatte man geschlossen.
Der Junge ging ein paar Schritte auf das Bett zu, das Huhn krampfhaft vorhaltend, und sagte mit leiser Stimme mehrmals »Mylord«. Er bekam keine Antwort. Der Kranke schien aber nicht zu schlafen, denn seine Lippen bewegten sich mitunter, als spreche er.
Der Junge beschloß, seine Aufmerksamkeit zu erregen, überzeugt von der Wichtigkeit weiterer Anweisungen in betreff des Experiments. Jedoch fühlte er sich, bevor er noch an der Decke zupfen konnte – das Huhn mußte er mit der Kiste, in die es gebettet war, auf einen Sessel legen –, von hinten gefaßt und zurückgerissen. Ein dicker Mensch mit grauem Gesicht blickte ihn an wie einen Mörder. Er riß sich geistesgegenwärtig los und, mit einem Satz die Kiste an sich bringend, fuhr er zur Tür hinaus.
Auf dem Korridor schien es ihm, als hätte der Unterbutler, der die Treppe heraufkam, ihn gesehen. Das war schlimm. Wie sollte er beweisen, daß er auf Befehl Mylords gekommen war, in Vollführung eines wichtigen Experiments? Der alte Mann war völlig in der Macht der Ärzte, die geschlossenen Fenster in seinem Zimmer zeigten das.
Tatsächlich sah er einen Diener über den Hof auf den Stall zugehen. Er verzichtete daher auf sein Abendbrot und verkroch sich, nachdem er das Huhn in den Keller gebracht hatte, im Futterraum.
Die Untersuchung, die über ihm schwebte, machte seinen Schlaf unruhig. Nur mit Zagen trat er am nächsten Morgen aus seinem Versteck.
Niemand kümmerte sich um ihn. Ein schreckliches Hin und Her herrschte auf dem Hof. Mylord war gegen Morgen zu gestorben.
Der Junge ging den ganzen Tag herum, wie von einem Schlag auf den Kopf betäubt. Er hatte das Gefühl, daß er den Verlust seines Lehrers überhaupt nicht verschmerzen könnte. Als er am späten Nachmittag mit einer Schüssel voll Schnee in den Keller hinabstieg, verwandelte sich sein Kummer darüber in den Kummer um das nicht zu Ende geführte Experiment, und er vergoß Tränen über der Kiste. Was sollte aus der großen Entdeckung werden?
Auf den Hof zurückkehrend – seine Füße kamen ihm so schwer vor, daß er sich nach seinen Fußstapfen im Schnee umblickte, ob sie nicht tiefer als gewöhnlich seien –, stellte er fest, daß die Londoner Ärzte noch nicht abgefahren waren. Ihre Kutschen standen noch da.
Trotz seiner Abneigung beschloß er, ihnen die Entdeckung anzuvertrauen. Sie wa-

ren gelehrte Männer und mußten die Tragweite des Experiments erkennen. Er holte die kleine Kiste mit dem geeisten Huhn und stellte sich hinter dem Ziehbrunnen auf, sich verbergend, bis einer der Herren, ein kurzleibiger, nicht allzusehr Schrekken einflößender, vorbeikam. Hervortretend wies er ihm seine Kiste vor. Zunächst blieb ihm die Stimme im Hals stecken, aber dann gelang ihm doch in abgerissenen Sätzen sein Anliegen vorzubringen.

»Mylord hat es vor sechs Tagen tot gefunden, Exzellenz. Wir haben es mit Schnee ausgestopft. Mylord meinte, es könnte frisch bleiben. Sehen Sie selber! Es ist ganz frisch geblieben.«

Der Kurzleibige starrte verwundert in die Kiste.

»Und was weiter?« fragte er.

»Es ist nicht kaputt«, sagte der Junge.

»So«, sagte der Kurzleibige.

»Sehen Sie selber«, sagte der Junge dringlich.

»Ich sehe«, sagte der Kurzleibige und schüttelte den Kopf. Er ging kopfschüttelnd weiter.

Der Junge sah ihm entgeistert nach. Er konnte den Kurzleibigen nicht begreifen. Hatte nicht der alte Mann sich den Tod geholt dadurch, daß er in der Kälte ausgestiegen war und das Experiment vorgenommen hatte? Mit eigenen Händen hatte er den Schnee aufgenommen vom Boden. Das war eine Tatsache.

Er ging langsam zur Kellertür zurück, blieb aber kurz vor ihr stehen, wandte sich dann schnell um und lief in die Küche. Er fand den Koch sehr beschäftigt, denn es wurden zum Abendessen Trauergäste aus der Umgebung erwartet.

»Was willst du mit dem Vogel?« knurrte der Koch ärgerlich. »Er ist ja ganz erfroren!«

»Das macht nichts«, sagte der Junge, »Mylord sagte, das macht nichts.«

Der Koch starrte ihn einen Augenblick abwesend an, dann ging er gewichtig mit einer großen Pfanne in der Hand zur Tür, wohl um etwas wegzuwerfen.

Der Junge folgte ihm eifrig mit der Kiste.

»Kann man es nicht versuchen?« fragte er flehentlich.

Dem Koch riß die Geduld. Er griff mit seinen mächtigen Händen nach dem Huhn und schmiß es mit Schwung auf den Hof.

»Hast du nichts anderes im Kopf?« brüllte er außer sich. »Und Seine Lordschaft gestorben!«

Zornig hob der Junge das Huhn vom Boden auf und schlich damit weg.

Die beiden nächsten Tage waren mit den Begräbnisfeierlichkeiten angefüllt. Er hatte viel mit Ein- und Ausspannen der Pferde zu tun und schlief beinahe mit offenen Augen, wenn er nachts noch neuen Schnee in die Kiste tat. Es schien ihm alles hoffnungslos, das neue Zeitalter geendet.

Aber am dritten Tag, dem Tag des Begräbnisses, frisch gewaschen und in seinem besten Zeug, fühlte er seine Stimmung umgeschlagen. Es war schönes, heiteres Winterwetter, und vom Dorf her läuteten die Glocken.

Mit neuer Hoffnung erfüllt ging er in den Keller und betrachtete lang und sorgfältig das tote Huhn. Er konnte keine Spur von Fäulnis daran erblicken. Behutsam packte er das Tier in die Kiste, füllte sie mit reinem, weißem Schnee, nahm sie unter den Arm und machte sich auf den Weg ins Dorf.

Vergnügt pfeifend trat er in die niedere Küche seiner Großmutter. Sie hatte ihn aufgezogen, da seine Eltern früh gestorben waren, und besaß sein Vertrauen. Ohne zunächst den Inhalt der Kiste zu zeigen, berichtete er der alten Frau, die sich eben zum Begräbnis anzog, von Mylords Experiment. Sie hörte ihn geduldig an.
»Aber das weiß man doch«, sagte sie dann. »Sie werden steif in der Kälte und halten sich eine Weile. Was soll da Besonderes daran sein?«
»Ich glaube, man kann es noch essen«, antwortete der Junge und bemühte sich, möglichst gleichgültig zu erscheinen.
»Ein seit einer Woche totes Huhn essen? Es ist doch giftig!«
»Warum? Wenn es sich nicht verändert hat, seit es gestorben ist? Und es ist von Mylords Schlitten getötet worden, war also gesund.«
»Aber inwendig, inwendig ist es verdorben!« sagte die Greisin, ein wenig ungeduldig werdend.
»Ich glaube nicht«, sagte der Junge fest, seine klaren Augen auf dem Huhn. »Inwendig war die ganze Zeit der Schnee. Ich glaube, ich koche es.«
Die Alte wurde ärgerlich.
»Du kommst mit zum Begräbnis«, sagte sie abschließend. »Seine Lordschaft hat genug für dich getan, denke ich, daß du ordentlich hinter seinem Sarg gehen kannst.«
Der Junge antwortete ihr nicht. Während sie sich das schwarze Wolltuch um den Kopf band, nahm er das Huhn aus dem Schnee, blies die letzten Spuren davon weg und legte es auf zwei Holzscheite vor dem Ofen. Es mußte auftauen.
Die Alte sah ihm nicht mehr zu. Als sie fertig war, nahm sie ihn bei der Hand und ging resolut mit ihm zur Tür hinaus.
Eine ziemliche Strecke ging er gehorsam mit. Es waren noch mehr Leute auf dem Weg zum Begräbnis, Männer und Frauen. Plötzlich stieß er einen Schmerzensruf aus. Sein einer Fuß steckte in einer Schneewehe. Er zog ihn mit verzerrtem Gesicht heraus, humpelte zu einem Feldstein und setzte sich nieder, sich den Fuß reibend.
»Ich habe ihn mir übertreten«, sagte er.
Die Alte sah ihn mißtrauisch an.
»Du kannst gut laufen«, sagte sie.
»Nein«, sagte er mürrisch. »Aber wenn du mir nicht glaubst, kannst du dich ja zu mir setzen, bis es besser ist.«
Die Alte setzte sich wortlos neben ihn.
Eine Viertelstunde verging. Immer noch kamen Dorfbewohner vorbei, freilich immer weniger. Die beiden hockten verstockt am Wegrain. Dann sagte die Alte ernsthaft:
»Hat er dir nicht beigebracht, daß man nicht lügt?«
Der Junge gab ihr keine Antwort. Die Alte stand seufzend auf. Es wurde ihr zu kalt.
»Wenn du nicht in zehn Minuten nach bist«, sagte sie, »sage ich es deinem Bruder, daß er dir den Hintern vollhaut.«
Und damit wackelte sie weiter, eilends, damit sie nicht die Grabrede versäume.
Der Junge wartete, bis sie weit genug weg war, und stand langsam auf. Er ging zurück, blickte sich aber noch oft um und hinkte auch noch eine Weile. Erst als ihn eine Hecke vor der Alten verbarg, ging er wieder wie gewöhnlich.
In der Hütte setzte er sich neben das Huhn, auf das er erwartungsvoll herabschaute.

Er würde es in einem Topf mit Wasser kochen und einen Flügel essen. Dann würde er sehen, ob es giftig war oder nicht.

Er saß noch, als von fernher drei Kanonenschüsse hörbar wurden. Sie wurden abgefeuert zu Ehren von Francis Bacon, Baron von Verulam, Viscount St. Alban, ehemaliger Lordgroßkanzler von England, der nicht wenige seiner Zeitgenossen mit Abscheu erfüllt hatte, aber auch viele mit Beigeisterung für die nützlichen Wissenschaften.

## 2.2 Alltagsverstand und Kritik. Zur Kübeltheorie und Scheinwerfertheorie der Erkenntnis

*Karl R. Popper:* Objektive Erkenntnis

[ . . . ]
Wir haben alle unsere Philosophien, ob wir dessen gewahr werden oder nicht, und die taugen nicht viel. Aber ihre Auswirkungen auf unser Handeln und unser Leben sind oft verheerend. Deshalb ist der Versuch notwendig, unsere Philosophien durch Kritik zu verbessern. Das ist meine einzige Entschuldigung dafür, daß es überhaupt noch Philosophie gibt.
[ . . . ]

Wissenschaft, Philosophie, rationales Denken müssen alle beim Alltagsverstand anfangen.
Nicht, als ob der Alltagsverstand ein sicherer Ausgangspunkt wäre: der Ausdruck »Alltagsverstand« ist sehr unscharf, einfach deshalb, weil er etwas Undeutliches und Wechselndes bezeichnet – die Instinkte oder Meinungen vieler Menschen, die oft brauchbar oder wahr, oft abwegig oder falsch sind.
Wie kann etwas so Unscharfes und Unsicheres wie der Alltagsverstand einen Ausgangspunkt abgeben? Meine Antwort ist: weil wir (anders als etwa Descartes, Spinoza, Locke, Berkeley oder Kant) kein sicheres System auf dieser »Grundlage« aufbauen wollen. Jede einzelne der vielen Annahmen des Alltagsverstands – man könnte sie unser Alltags-Hintergrundwissen nennen – läßt sich jederzeit in Frage stellen und kritisieren; oft wird eine mit Erfolg kritisiert und fallengelassen (zum Beispiel die Theorie, die Erde sei flach). In solchen Fällen wird entweder der Alltagsverstand verändert, oder er wird verdrängt durch eine Theorie, die manchen Leuten noch für kürzere oder längere Zeit mehr oder weniger »verrückt« vorkommt. Ist eine solche Theorie nur nach einem langen Studium zu verstehen, so wird sie vielleicht nie in den Alltagsverstand übernommen. Doch auch dann können wir verlangen, man müsse versuchen, dem Ideal möglichst nahezukommen: *alle Wissenschaft und Philosophie ist aufgeklärter Alltagsverstand.*
Wir fangen also an einem undeutlichen Ausgangspunkt an und bauen auf unsichere Fundamente. Aber wir können vorankommen: manchmal lehrt uns Kritik, daß wir unrecht hatten; wir können aus der Erkenntnis unserer Fehler lernen.
[ . . . ]

Der Alltagsverstand ist, wie ich sagte, stets unser Ausgangspunkt, aber er bedarf der Kritik. Und, wie man erwarten konnte, zeigt er sich nicht von seiner besten Seite, wenn er über sich selbst nachdenken soll. Die Theorie des Alltagsverstands über das Wissen des Alltagsverstands ist in der Tat ein naives Durcheinander. Doch sie bildet die Grundlage selbst der neuesten philosophischen Erkenntnistheorien. Die Theorie des Alltagsverstands ist einfach. Wenn jemand etwas noch Unbekanntes über die Welt wissen möchte, muß er nur seine Augen aufmachen, ebenso die Ohren, um insbesondere solche Geräusche zu hören, die andere Menschen machen. Unsere Sinne sind also die *Quellen unserer Erkenntnis*, ihre Eingangspforten in unser Bewußtsein.

Diese Theorie habe ich oft die Kübeltheorie des Geistes genannt. Sie läßt sich am besten durch ein Bild darstellen:

Abb.: Der Kübel

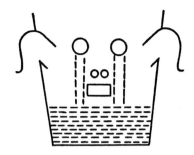

Unser Geist ist ein Kübel, anfangs leer, oder mehr oder weniger leer, und in diesen gelangt Material durch unsere Sinne (oder vielleicht durch einen Schacht zur Füllung von oben), häuft sich an und wird verdaut.

[ . . . ]

Die Frage, was zuerst kommt, die Hypothese oder die Beobachtung, erinnert natürlich an die Frage, was zuerst kommt, die Henne oder das Ei. Aber sie ist lösbar. Die Kübeltheorie läßt natürlich die Beobachtung der Hypothese immer vorausgehen [ganz wie das Ei, ein einzelliger Organismus, der Henne vorausgeht], da sie diese als eine Art von Resultat auffaßt, das aus den Beobachtungen durch Generalisation oder Assoziation oder Klassifikation entsteht. Im Gegensatz dazu werden wir sagen, daß die Hypothese oder Erwartung oder Theorie, oder wie wir es nennen wollen, der Beobachtung vorausgeht, wenn auch die Beobachtung, falls sie die Hypothese falsifiziert, Anlaß zu einer neuen (und damit späteren) Hypothese werden kann.

Das alles gilt insbesondere auch für die wissenschaftliche Hypothesenbildung. Wir erfahren ja erst aus den Hypothesen, für welche Beobachtungen wir uns interessieren sollen, welche Beobachtungen wir machen sollen; die Hypothese wird zum Führer zu neuen Beobachtungsresultaten.

Ich bezeichne diese Ansicht als die *»Scheinwerfertheorie«*, im Gegensatz zur *»Kübeltheorie«*. Gemäß der Scheinwerfertheorie kommen die Beobachtungen nach den Hilfshypothesen. Die Beobachtungen werden zu Fällen, an denen die Hypothese [kritisch] *geprüft* wird. Wenn sie die Prüfung nicht besteht, wenn sie von den Beob-

achtungen falsifiziert wird, dann müssen wir uns nach einer neuen Hypothese umsehen – dann folgt die neue Hypothese jenen Beobachtungen nach, die zur Falsifikation der alten Hypothese geführt haben. Aber was den Beobachtungen Interesse und Relevanz verliehen hat, und was den Anlaß gegeben hat, sie überhaupt zu machen, das war eben die alte [jetzt verworfene] Hypothese.
In dieser Hinsicht ist also die Wissenschaft durchaus die Fortsetzung der vorwissenschaftlichen Arbeit an den Erwartungshorizonten. Sie beginnt niemals mit nichts, sie kann niemals als voraussetzungsfrei bezeichnet werden, sondern sie setzt in jedem Moment einen Erwartungshorizont voraus – den Erwartungshorizont von gestern, sozusagen. Sie baut auf der Wissenschaft von gestern auf [und ist damit das Ergebnis des Scheinwerfers von gestern], diese wieder auf der Wissenschaft von vorgestern, usw.; und die älteste Wissenschaft baut auf vorwissenschaftlichen Mythen auf, und diese schließlich auf älteren Erwartungen. Ontogenetisch (das heißt, im Hinblick auf die Entwicklung des Einzelorganismus) kommen wir so zum Kleinkind, phylogenetisch (im Hinblick auf die Entwicklung der Art, des phylum) zu den einzelligen Organismen. (Von einem verbotenen unendlichen Regreß kann hier aus mehreren Gründen keine Rede sein – schon deshalb nicht, weil ja ein Horizont von Reaktionsbereitschaften jedem Organismus angeboren ist.) Von der Amöbe zu Einstein ist, sozusagen, nur ein Schritt.
Wie ist nun in dieser Entwicklung der Übergang von der Vorwissenschaft zur Wissenschaft zu charakterisieren?

[ . . . ]
Der Beginn unserer vorwissenschaftlichen Methodenbildung ist in Griechenland zu suchen, etwa um die Wende vom 6. zum 5. Jahrhundert. Was ist hier geschehen? Was ist das grundsätzlich Neue gegenüber den mythischen Überlieferungen, die aus dem Orient stammen und höchstwahrscheinlich die maßgeblichen Anregungen und Ideen lieferten?
In Babylon, bei den Griechen, bei den neuseeländischen Maoris, bei allen Völkern, die sich das Weltgeschehen mythologisch zu erklären versuchen, werden Geschichten erzählt, die vom Ursprung der Welt handeln, und die ihre Struktur aus ihrem Ursprung verstehen wollen. Diese Geschichten werden zur Tradition, die in eigenen Schulen gepflegt wird. Sie sind oft der Besitz einer besonderen Klasse, der Priester oder Medizinmänner, die über die Tradition wachen. Sie ändern sich nur wenig – hauptsächlich durch Ungenauigkeit der Überlieferung, durch Mißverständnisse, und manchmal durch Hinzufügung von neuen Mythen, die von Propheten oder Poeten erfunden werden.
Das Neue, das die griechische Philosophie dem hinzufügt, scheint mir nun nicht so sehr in dem Ersatz der Mythen durch etwas »Wissenschaftlicheres« zu liegen, sondern eher *in einer neuen Einstellung gegenüber den Mythen;* daß sich dann deren Charakter zu ändern beginnt, scheint mir eine Folge dieser neuen Einstellung zu sein.
Die neue Einstellung ist die der *Kritik. An die Stelle einer dogmatischen Überlieferung der Lehre* [bei der alles Interesse auf die Bewahrung der authentischen Tradition gerichtet ist] *tritt ihre kritische Diskussion.* Man stellt Fragen, man bezweifelt die Glaubwürdigkeit, die *Wahrheit* der Lehre.

Zweifel und Kritik wird es sicher schon früher gegeben haben. Das Neue ist jedoch, daß der Zweifel und die Kritik zur Schultradition werden. An die Stelle der traditionellen Überlieferung des Dogmas tritt eine Tradition höherer Ordnung; an die Stelle der traditionellen Theorie – des Mythos – tritt die Tradition, Theorien (die zunächst kaum etwas anderes sind als Mythen) kritisch zu diskutieren; und im Verlaufe dieser kritischen Diskussion wird dann auch die Beobachtung als Zeuge angerufen.

Es kann wohl kein Zufall sein, daß Anaximander, Schüler des Thales, eine Theorie entwickelte, die von der des Meisters bewußt abweicht, und daß Anaximanders Schüler Anaximenes ebenso bewußt von Anaximander abweicht. So etwas ist wohl nur damit zu erklären, daß der Stifter der Schule seine Schüler zur Kritik herausforderte, und daß diese aus dieser Einstellung eine neue Tradition schufen.

Es ist bezeichnend, daß das, soviel wir wissen, nur einmal geschah. Die ältere pythagoräische Schule ist fast sicher eine Schule vom alten Schlag – ihre Tradition ist nicht die kritische Einstellung, sondern die Bewahrung der Lehre des Meisters. Es ist ohne Zweifel erst der Einfluß der kritischen Schule der Ionier, daß die pythagoräische Schule sich auflockert und sich der philosophisch-wissenschaftlichen Methode der Kritik zu bedienen beginnt.

Die kritische Einstellung der altgriechischen Philosophie kann wohl kaum besser charakterisiert werden als durch die Äußerung des Xenophanes: »Wenn Rinder Götterbilder schaffen könnten, dann würden sie Bilder schaffen, die den Rindern ähneln.« Eine solche Äußerung ist nicht nur kritisch – sie ist sich sogar der kritischen Methodologie schon voll bewußt.

Die kritische Tradition scheint mir also das Neue und Bezeichnende der Wissenschaft zu sein. Ihre Aufgabe [das heißt, die Erklärung der Welt] und die hauptsächlichen Ideen ihrer Lehre schließen jedoch zunächst völlig an die vorwissenschaftliche Mythenbildung an.

## 2.3 Die Aufgabe der Wissenschaft

*Karl R. Popper:* Objektive Erkenntnis

[ . . . ]

Die Aufgabe der Wissenschaft ist teils theoretisch – *Erklärung* – und teils praktisch – *Voraussage und technische Anwendung*. Ich werde zu zeigen versuchen, daß diese beiden Aufgaben im Grunde zwei Seiten ein und derselben Sache darstellen.

Wenden wir uns zunächst dem Erklärungsbegriff und seiner logischen Analyse zu. Man hört oft, daß eine Erklärung die Zurückführung von etwas Unbekanntem auf etwas Bekanntes ist; wie diese Zurückführung zu geschehen hat, wird gewöhnlich nicht gesagt. Aber dieser Erklärungsbegriff war nie praktisch wirksam. Wenn man sich in der Geschichte der Wissenschaft umsieht und versucht, festzustellen, welche Art von Erklärungen jeweils als befriedigend und akzeptabel angesehen wurden, dann kommt man zu einem ganz anderen Erklärungsbegriff.

Ich habe eine kurze Skizze dieser Geschichte – ich meine nicht die Geschichte des Erklärungsbegriffs, sondern die Geschichte der Erklärungspraxis – heute früh in der philosophischen Arbeitsgemeinschaft gegeben. Jetzt habe ich leider keine Zeit, auf diese Frage nochmals einzugehen. Aber ein allgemeines Resultat muß ich mitteilen. Als befriedigende Erklärung wurde im Laufe der Entwicklung der Wissenschaft sehr Verschiedenes angesehen, aber allen diesen Erklärungsmethoden ist eines gemeinsam, daß der Erklärungsvorgang als eine *logische Deduktion* dessen, was erklärt werden soll – des explicandum –, aus gewissen Prämissen – dem explicans [den erklärenden Gesetzen und Bedingungen] – angesehen werden kann. Die hauptsächlichen Änderungen im Laufe der Geschichte liegen darin, daß gewisse Forderungen (Anschaulichkeit, Evidenz usw.) an das explicans aufgegeben werden, da sie sich nicht zusammen mit gewissen anderen Forderungen (insbesondere mit der unabhängigen Nachprüfbarkeit des explicans [das die Prämissen und damit den Kern der Erklärung bildet]), die sich immer mehr als entscheidend herausstellen, realisieren lassen.

Eine Erklärung ist also immer die Deduktion des explicandum aus gewissen Prämissen, die als explicans bezeichnet werden können.

Ein etwas grausames Beispiel soll das veranschaulichen:

Wir finden eine Leiche und wollen erklären, was denn hier geschehen ist. Das explicandum kann in dem Satze »Dieser Mensch hier ist (vor kurzem) gestorben« beschrieben werden. Dieses explicandum ist uns durchaus bekannt – die Tatsache liegt sehr real vor uns. Wenn wir sie erklären wollen, so führen wir (wie Sie ja aus Detektivgeschichten wissen) hypothetische, also viel weniger gut bekannte Erklärungen ein. Eine solche Hypothese ist vielleicht, daß dieser Mensch sich mit Zyankali vergiftet hat. Das kann man insofern als eine brauchbare Hypothese bezeichnen, als sie uns (1) hilft, ein explicans zu formulieren, aus dem das explicandum deduziert werden kann, und (2) gestattet, das explicans unabhängig vom explicandum nachzuprüfen.

Das explicans, das jene Hypothese nahelegt, besteht nicht nur aus dem Satz »Dieser Mensch hier hat Zyankali eingenommen«, denn daraus kann man das explicandum nicht deduzieren. Wir müssen vielmehr als explicans zwei verschiedene Arten von Prämissen verwenden – allgemeine *Gesetze* und singuläre *Anfangsbedingungen*. In unserem Fall wäre das allgemeine Gesetz etwa so zu formulieren: »Wenn ein Mensch wenigstens drei Milligramm Zyankali einnimmt, so stirbt er binnen zehn Minuten.« Die (singuläre) Anfangsbedingung würde etwa lauten: »Dieser Mensch hier hat kürzlich, aber vor mehr als zehn Minuten, wenigstens drei Milligramm Zyankali eingenommen.« Aus diesen Prämissen können wir nun in der Tat deduzieren, daß dieser Mensch hier (vor kurzem) gestorben ist [unser explicandum].

Alles dies scheint sehr trivial zu sein. Aber bitte beachten Sie eine meiner Thesen – daß das, was ich *»Anfangsbedingung«* genannt habe [die Bedingungen, die den Einzelfall beschreiben], allein niemals zur Erklärung hinreicht, sondern daß wir immer auch ein allgemeines Gesetz brauchen. Diese These ist nun nicht trivial; im Gegenteil, sie wird gewöhnlich gar nicht eingesehen. Auch Sie werden vielleicht dazu neigen, die Bemerkung »Dieser Mensch hat Zyankali eingenommen« auch ohne das allgemeine Gesetz über die Wirkungsweise von Zyankali als Erklärung hinzunehmen. Aber nehmen Sie für einen Augenblick an, daß es einen allgemeinen Satz gibt, daß jeder Mensch, der Zyankali einnimmt, sich für eine Woche besonders

wohl fühlt und mehr leistet als je vorher. Würde, wenn dieses Gesetz gilt, der Satz
»Dieser Mensch hat Zyankali eingenommen« noch immer als eine Erklärung seines
Todes gelten können? Offenbar nicht.

Wir kommen also zu dem wichtigen und oft übersehenen Resultat, daß eine Erklärung durch besondere Anfangsbedingungen allein nicht möglich ist, und daß wir immer auch *wenigstens ein allgemeines Gesetz* brauchen, obwohl dieses Gesetz *manchmal* so gut bekannt ist, daß es als trivial weggelassen wird.

Wir haben gefunden, daß eine Erklärung eine Deduktion folgender Art ist:

Allgemeines Gesetz         ⎫
singuläre Anfangsbedingung ⎬   explicans   Prämissen
explicandum                      Konklusion

Aber ist *jede* solche Erklärung auch *befriedigend*? Ist zum Beispiel unsere Erklärung (mit dem Zyankali) befriedigend? Vielleicht ist dieser Mensch aus ganz anderen Gründen gestorben.

Wenn jemand unsere Erklärung bezweifelt und uns fragt: »Woher weißt du denn, daß dieser Mann Zyankali eingenommen hat?«, dann wird es nicht genügen, wenn wir antworten: »Wie kannst du daran zweifeln, siehst du denn nicht, daß er tot ist?«. Die Gründe, die wir zur Unterstützung unserer Hypothese anführen, müssen *andere Gründe* sein als das explicandum; können wir nur das explicandum selbst anführen, dann fühlen wir, daß unsere Erklärung zirkulär ist und deshalb ganz *unbefriedigend*. Wenn wir jedoch antworten können: »Analysiere nur einmal den Mageninhalt, dann wirst du eine Menge Zyankali finden«, und wenn sich diese (neue, das heißt nicht aus dem explicandum allein folgende) Voraussage bewährt, dann werden wir unsere Erklärung zumindest als eine recht gute Hypothese betrachten.

Hier haben wir aber noch etwas nachzutragen. Unser skeptischer Freund kann nämlich auch das allgemeine Gesetz in Frage ziehen. Er wird vielleicht sagen: »Zugegeben, daß dieser Mensch Zyankali gegessen hat. Aber warum soll er daran zugrunde gegangen sein?« Wieder dürfen wir darauf nicht antworten: »Aber du siehst ja, daß er tot ist; das zeigt, wie gefährlich es ist, Zyankali zu essen.« Denn das würde unsere Erklärung wieder zirkulär und unbefriedigend machen. Um die Erklärung befriedigend zu machen, müssen wir auch das allgemeine Gesetz durch Fälle überprüft haben, die von unserem explicandum unabhängig sind.

Meine Analyse des Erklärungsschemas im engeren Sinne ist damit abgeschlossen, aber verschiedene Bemerkungen und Analysen können an dieses Schema angeschlossen werden.

Vorerst eine Bemerkung über den Begriff der Ursache. Man kann den Zustand, den die *Anfangsbedingungen* beschreiben, »*Ursache*« nennen, und den Zustand, den das explicandum beschreibt, »*Wirkung*«. Diese Worte sind jedoch, wegen ihrer belasteten Vergangenheit, besser zu vermeiden. Will man sie verwenden, so sollte man sich darüber klar sein, daß sie nur relativ zu einer Theorie oder einem Gesetz Bedeutung haben. Die Theorie oder das Gesetz ist es, die das *(logische) Band* zwischen Ursache und Wirkung herstellt, und der Satz »*A* ist die Ursache von *B*«

sollte folgendermaßen analysiert werden: »Es gibt eine unabhängig überprüfbare und gut überprüfte Theorie *T*, aus der wir, zusammen mit einer unabhängig überprüften Beschreibung der singulären Situation *A*, eine Beschreibung der Situation *B* logisch ableiten können.« (Daß die Existenz eines solchen *logischen* Bandes die Voraussetzung ist, daß wir überhaupt von »Ursache« und »Wirkung« sprechen können, wurde von vielen Philosophen übersehen, unter anderem auch von Hume.)

Die Aufgabe der Wissenschaft ist nicht nur die, rein theoretisch zu erklären; sie hat auch ihre praktischen Seiten – Anwendung zum Zweck praktischer Voraussagen, und technische Anwendung. Auch diese können mit Hilfe unseres Erklärungsschemas analysiert werden.

1. *Prognosededuktion*. Während im Falle der Erklärung das explicandum gegeben ist und ein passendes explicans gesucht wird, geht die Prognosededuktion umgekehrt vor. Hier ist die Theorie gegeben (z. B. aus den Lehrbüchern übernommen) und ebenso die Anfangsbedingungen (durch Beobachtung festgestellt). Wir fragen nach den Konsequenzen, d. h. nach gewissen bisher unbeobachteten logischen Folgerungen. Diese sind die *Prognosen*. (An die Stelle des explicandums tritt in unserem Schema die Prognose.)

2. *Technische Anwendung*. Es besteht das Problem, eine Brücke zu bauen, die gewissen Wünschen, den Spezifikationen, entsprechen soll. Gegeben sind die Spezifikationen, die einen gewissen (gewünschten, zu realisierenden) Zustand beschreiben (die Spezifikationen des Auftraggebers, im Gegensatz zu den Spezifikationen des Architekten); ferner die physikalischen Theorien (einschließlich gewisser Faustregeln usw.). Gesucht sind technisch realisierbare Anfangsbedingungen von solcher Art, daß aus ihnen und der Theorie die Spezifikationen deduziert werden können. (Hier treten diese an die Stelle des explicandums.)

Wir sehen also, daß, vom logischen Standpunkt betrachtet, die Prognosededuktion und die technische Anwendung lediglich eine Art Umkehrung des fundamentalen Erklärungsschemas darstellen.

[ . . . ]


### 2.4 Erklären und Verstehen. Bemerkungen zum Verhältnis von Natur- und Geisteswissenschaften

*Günther Patzig:* Erklären und Verstehen. Bemerkungen zum Verhältnis von Natur- und Geisteswissenschaften

Zu den Bildungsgütern, die die philosophische Landschaft im deutschen Sprachbereich weithin noch bestimmen, gehört die Unterscheidung der beiden großen Wissenschaftsgruppen unter dem Namen der Natur- und der Geisteswissenschaften und die These, die eigentliche Methode der Naturwissenschaften sei das Erklären, die der Geisteswissenschaften das Verstehen. Diese Konzeption geht in der Hauptsache auf Wilhelm Dilthey zurück[1], besonders auf sein nachgelassenes Hauptwerk *Der Aufbau der geschichtlichen Welt in den Geisteswissenschaften*, das 1926 zum erstenmal erschien. Diltheys Bemühungen um eine Kritik der historischen Vernunft fielen zusammen mit dem von den Zeitgenossen als atemberaubend erlebten Aufschwung der experimentellen Naturwissenschaften. In die Untersuchung über die Bedingungen der Möglichkeit der sogenannten Geisteswissenschaften mischte sich daher bald ein apologetischer Ton: Es war fraglich geworden, ob die historischen und philologischen Disziplinen überhaupt noch zu Recht den Namen Wissenschaft führen durften, wenn man ihre Ergebnisse mit den standfesten, nachprüfbaren und anwendbaren Erkenntnissen der Naturwissenschaften verglich. Dilthey versuchte die Eigenart und den besonderen Wissenschaftscharakter der Geisteswissenschaften durch die Entgegensetzung von Verstehen und Erklären deutlich zu machen. Die Naturwissenschaften können nur immer gleichsam von außen Beziehungen zwischen Ereignissen feststellen, deren eigentliche innere Natur uns unbekannt bleibt. Die königliche Methode der Geisteswissenschaften, das Verstehen, verschafft uns dagegen Zugang zu den Sachen selbst. Denn aus eigener unmittelbarer Erfahrung kennen wir das, wovon die schriftlichen Denkmäler uns Zeugnis geben, die in den Geisteswissenschaften unsere wichtigste Phänomenbasis bilden. Erkenntnis der Sache selbst (cognitio rei) wurde der bloßen Erkenntnis äußerer Beziehungen der Gegenstände untereinander (cognitio circa rem) gegenübergestellt. Die Erkenntnis der Sachen selbst war den Geisteswissenschaften vorbehalten, die Erkenntnis der äußeren Beziehungen der Ereignisse und Gegenstände blieb für die Naturwissenschaften übrig, die also ihre Schlüssigkeit, Sicherheit und technische Bedeutung damit erkauften, in dem entwickelten Sinn ›unwesentlich‹ zu bleiben. Damit hatte Dilthey einen Gedanken in die Diskussion gebracht, der sich zu einer gefährlichen Ideologisierung gebrauchen ließ. Die Geisteswissenschaften, in der Furcht, neben den triumphierenden Naturwissenschaften in den Schatten, ja in ein wissenschaftliches Ghetto zu geraten, entwickelten eine Auffassung, nach der sich demonstrieren ließ, daß sie zwar den sicheren Gang, von dem Kant so gern sprach[2], nicht eingeschlagen hatten, dafür aber einer tieferen und sachnäheren Wahrheit zugewandt blieben als ihre erfolgreicheren Schwestern. Diese Vorstellung hatte den Nachteil, daß sie eben nur bei Geisteswissenschaftlern auf allgemeine Zustimmung stoßen konnte. Die Naturwissenschaften haben, soweit man das übersehen kann, eine entsprechende Polemik gegen die Geisteswissenschaften nie geführt; sie hatten dergleichen ja auch nicht nötig. Die freundliche Herablassung, die Naturwissenschaftler gegenüber ihren geisteswissenschaftlichen Kollegen manchmal an den Tag legen, ist doch mit dem aggressiven Ton nicht zu vergleichen, den Geisteswissenschaftler angeschlagen haben, wenn es ihnen um die Sicherung des Wissenschaftsanspruchs ihrer Disziplin ging. Daraus spricht Unsicherheit.

Von den Geisteswissenschaftlern wurde die Diltheysche Fundierung des Wissenschaftlichkeitsanspruchs dieser Wissenschaften weithin mit Zustimmung aufgenommen. Es ist ja üblich und bequem, sich auf einen anerkannten Philosophen berufen zu können und es dabei bewenden zu lassen. Mit einer gewissen idealtypischen Verallgemeinerung kann man sagen, daß die Geisteswissenschaftler dazu neigten, sich den speziellen Fragen ihrer jeweils betriebenen Disziplin zu überlassen in dem beruhigenden Bewußtsein, sich notfalls auf die von Dilthey und seinen Nachfolgern erarbeiteten Konzepte zurückziehen zu können. So wurde der Abstand zwischen der wissenschaftlichen Praxis und ihrer philosophischen Begründung ständig grö-

ßer; und dies ist eine von den Konstellationen, die zur Ideologiebildung förmlich einladen. Ist ein solcher Zustand schon für den Wissenschaftler mißlich, so wird er für den Lehrer einer geisteswissenschaftlichen Disziplin verhängnisvoll. Ein Lehrer soll nicht nur Fachkenntnisse vermitteln, sondern sein Fach auch in dem Sinne vertreten können, daß er die Bedeutung der von seiner Disziplin behandelten Gegenstände und ihrer Forschungsergebnisse im Zusammenhang der Wissenschaften und für die außerwissenschaftlichen Lebensbereiche darlegen kann. Er muß auch die Besonderheit und die Grenzen der dem Fach zur Verfügung stehenden Methoden kennen und schließlich die Art des Wahrheitsanspruchs charakterisieren können, den die Sätze erheben, die als Resultate wissenschaftlicher Forschung vorgelegt werden. Der in den letzten Jahren mehrfach erhobene Vorwurf gegen die eingebürgerten Lehrmethoden der Universitäten hat seine Berechtigung, daß nämlich neben der Vermittlung von Fachkenntnissen an zukünftige Lehrer solche Grundlagenfragen allzu sehr in den Hintergrund getreten waren.
[ . . . ]
Wir wollen statt dessen den Versuch machen, in aller Schlichtheit zu analysieren, was wir eigentlich meinen, wenn wir im wissenschaftlichen Sinne von ›Erklären‹ und ›Verstehen‹ sprechen. Diese Schlagworte wollen wir von ihrem Podest herunterholen und zu zeigen versuchen, wie sie von unserer alltäglichen wissenschaftlichen Praxis her mit Sinn erfüllt werden können. Dabei wird sich zeigen, daß es, erstens, sinnlos ist, den Natur- und Geisteswissenschaften je eine Methode zuzuordnen, die man dann mit den Etiketten ›Erklären‹ und ›Verstehen‹ belegen könnte; zweitens, daß Erklären und Verstehen beide sowohl in den Natur- wie in den Geisteswissenschaften eine wichtige Rolle spielen und, drittens, daß eine besondere Art des Verstehens in den Geisteswissenschaften als heuristisches Prinzip dienen kann. Wir fragen also: Was heißt im wissenschaftlichen Sinne ›Erklären‹, was heißt im wissenschaftlichen Sinne ›Verstehen‹?
Beginnen wir mit dem Erklären. Das Wort hat eine Reihe von verschiedenen sinnvollen Verwendungen, unter denen es schwer, wahrscheinlich unmöglich ist, eine Grundbedeutung zu isolieren. Jemand erklärt, daß er bereit sei, eine auf ihn entfallene Wahl anzunehmen. Hier ist nur gemeint, daß er etwas im vollen Bewußtsein der möglichen praktischen Konsequenzen mitteilt. Eine solche Äußerung hat, wie man neuerdings sagt, performativen Charakter[3]. Sie ist eine sprachliche Handlung, die nichts beschreibt, sondern eine bestimmte Situation in einer eindeutig feststellbaren Weise verändert. Eine Erklärung hat im allgemeinen Rechtsfolgen, man erklärt eine Prüfung für bestanden, die Olympischen Spiele für eröffnet und dergleichen. Diese Verwendung des Ausdrucks hat mit wissenschaftlicher Erklärung offenbar nichts zu tun. Es gibt ferner *sprachliche* Erklärungen im Sinne von Erläuterungen. Man kann jemandem erklären, was eine ›einstweilige Verfügung‹ ist, d. h. was ein Jurist darunter versteht. Oder man kann eine dunkle Textstelle in einem Gedicht erklären, d. h. mit anderen Worten zu sagen versuchen, was der Dichter wohl gemeint hat. Auch dies kommt in der Wissenschaft vor, ist aber nicht das, was man meint, wenn man von wissenschaftlicher Erklärung spricht. Man kann jemandem auch erklären, wie etwas funktioniert, so daß er z. B. mit einem Gerät richtig umgehen kann, und in ähnlichem Sinne kann man jemandem eine Situation erklären, die er mißverstanden hat.

Eine Erklärung im wissenschaftlichen Sinne ist demgegenüber immer eine Erklärung von *Tatsachen*. Wie konnte es dazu kommen, daß dies oder jenes eintrat oder regelmäßig eintritt? Das Auto kam von der Straße ab, weil ein Vorderreifen platzte oder weil der Fahrer betrunken war oder weil eine Sturmböe es von der Seite erfaßte. Für erklärungsbedürftig halten wir im allgemeinen solche Ereignisse oder Tatsachen, die von dem gewöhnlichen Lauf der Dinge oder dem, was wir ohnehin erwarten, in auffälliger Weise verschieden sind. Mond- und Sonnenfinsternisse, die Überschwemmung des Nils, die Anziehungskraft des Magneten, das waren auch schon in der Antike typische Fälle, an denen sich der Scharfsinn der wissenschaftlichen Erklärer entzündete. Diese wissenschaftliche Erklärung muß man nun von den übrigen, eben skizzierten Verwendungen des Wortes ›Erklären‹ isolieren und dann den Versuch machen, genau anzugeben, welche Bedingungen erfüllt sein müssen, wenn wir etwas als eine legitime und befriedigende wissenschaftliche Erklärung ansehen wollen. Denn ein Hinweis auf einen schlechten Tag im Horoskop würde bei einem Autounfall nicht als Erklärung akzeptiert werden, ebensowenig, bei historischen Ereignissen, der Hinweis auf den Willen Gottes, der es eben so gefügt habe, daß dies Ereignis eintrat.

Den für die heutige wissenschaftstheoretische Diskussion wichtigsten Versuch zu einer klaren Bestimmung des Erklärungsbegriffs haben Carl Hempel und Paul Oppenheim in ihrem Aufsatz »Studies in the Logic of Explanation« (1948)[4] gegeben. Er wird unter dem Namen ›H-O-Modell der wissenschaftlichen Erklärung‹ in der Literatur viel diskutiert. Hempel und Oppenheim gehen von Beispielen wie dem folgenden aus: Ein Quecksilberthermometer, das in heißes Wasser getaucht wird, *fällt* zunächst, bevor es dann schnell steigt. Zu erklären ist, warum das Quecksilberthermometer zunächst fällt. Die Erklärung: Die Hitze erreicht zuerst das Glas, das sich ausdehnt, darum fällt der Quecksilberspiegel ein wenig zurück. Erst danach wird das Quecksilber erwärmt, dessen Ausdehnungskoeffizient wesentlich höher als der des Glases ist. Daher steigt der Quecksilberspiegel sofort schnell an. Ähnlich kann das Phänomen der Lichtbrechung, das wir an dem ins Wasser getauchten Holzstab beobachten können, durch Hinweis auf allgemeine Gesetze erklärt werden. Wasser ist ein optisch dichteres Medium als Luft, deshalb ist der Brechungswinkel der Lichtstrahlen jeweils verschieden. Jedoch kann man in beiden Fällen natürlich noch weiter fragen. Warum dehnen sich erwärmte Körper aus, und zwar mit verschiedenen Ausdehnungskoeffizienten? Warum wird das Licht beim Durchgang durch verschiedene Medien in verschiedener Weise gebrochen? Im ersten Falle würden allgemeine Gesetze der Wärmelehre, im zweiten Fall allgemeine Gesetze des jeweiligen Mediums herangezogen werden können. Daß ein Apfel vom Baum fällt, kann u. a. durch die Galileischen Fallgesetze erklärt werden; diese Gesetze selbst wiederum können erklärt werden durch die Zurückführung auf Newtons Gravitationsgesetze usw. Wissenschaftliches Erklären erweist sich als ein Relativbegriff: Was in *einer* wissenschaftlichen Erklärung zur Erklärung eines Sachverhalts oder eines Ereignisses herangezogen wird, kann seinerseits zum Erklärungsgegenstand in einer *anderen* wissenschaftlichen Erklärung gemacht werden. In welchem Falle eine wissenschaftliche Erklärung befriedigt, hängt von der praktischen Situation ab, in der sie gegeben wird. Wer erklärt haben will, warum ein Verkehrsunfall eintrat, wird sich damit zufriedengeben, wenn er erfährt, daß der Fahrer des einen

Wagens betrunken war. Warum der Fahrer betrunken war, könnte zum Gegenstand einer neuen Erklärung gemacht werden, die wahrscheinlich nicht den Versicherungsfachmann, wohl aber den Verkehrspsychologen interessieren könnte.

Hempel und Oppenheim nennen nun den zu erklärenden Sachverhalt oder das zu erklärende Ereignis das ›Explanandum‹ und die Menge der Sätze, die als Erklärung dienen, das ›Explanans‹: Sie formulieren vier Adäquatheitsbedingungen für eine wissenschaftliche Erklärung, von denen drei *logisch* sind, eine *empirisch* ist. Die *logischen* Adäquatheitsbedingungen sind die folgenden. Erstens: Das Explanandum, also das zu Erklärende, muß aus dem Explanans, der Erklärung, *logisch folgen*. Diese Forderung ist deshalb nötig, weil nur eine Erklärung, die dieser Forderung genügt, auch zur Voraussage von Ereignissen benutzt werden kann. Nur wenn ich aus den allgemeinen Gesetzen und den Anfangsbedingungen das Phänomen, das erklärt werden soll, ableiten kann, habe ich es wirklich erklärt, und dann könnte ich in entsprechend gelagerten Fällen ein solches Ereignis oder eine entsprechende Tatsache aus entsprechenden Anfangsbedingungen[5] und denselben allgemeinen Gesetzen ableiten, noch bevor es eingetreten ist. Eine wissenschaftliche Erklärung muß sich also im Prinzip auch zur Voraussage von Ereignissen verwenden lassen. Die zweite logische Bedingung: Das Explanans muß *allgemeine Gesetze* enthalten, die zur Ableitung des Explanandums auch erforderlich sein müssen und nicht leerlaufen dürfen. Es ist hier mit Vorbedacht nicht von allgemeinen *Aussagen*, sondern von *Gesetzen* die Rede; denn nicht jeder allgemeine Satz ist ein Gesetz. Z. B. ist ein Satz nicht ein Gesetz zu nennen, der auf eine bestimmte Klasse von abzählbaren Individuen eingeschränkt ist oder besondere Zeit- und Ortsangaben enthält und nur für diese besonderen Fälle, wenn auch für alle diese besonderen Fälle, gilt. Es wäre sicher keine Erklärung, wenn wir sagen wollten: »Alle Äpfel in diesem Korb sind rot; dies ist ein Apfel in diesem Korb; daher ist dieser Apfel rot.« Daß dieser Apfel rot ist, folgt allerdings aus den beiden vorausgehenden Sätzen der Erklärung, aber die Erklärung enthält keine gesetzartige Aussage in dem geforderten Sinne. Eine Erklärung des Sachverhalts, daß dieser Apfel rot ist, wäre z. B. die Auskunft: »Alle Äpfel in diesem Korb sind von der Sorte Morgenduft; alle Äpfel der Sorte Morgenduft sind rot; also ist dieser Apfel rot.« Es ist bisher noch nicht gelungen, genaue Kriterien für *Gesetze* im Unterschied zu allgemeinen *Sätzen*, die keine Gesetze sind, anzugeben. Jedoch können wir, weil wir darauf nicht warten können, bis solche genauen Kriterien vorliegen, einfach fordern, daß nur solche allgemeinen Sätze im Explanans verwendet werden dürfen, von denen unbestritten ist, daß sie als Gesetze auftreten können. Die dritte logische Bedingung für wissenschaftliche Erklärungen besteht nach Hempel und Oppenheim darin, daß das Explanans *empirischen Gehalt* haben muß, d. h., es muß jedenfalls im Prinzip durch Erfahrungen bestätigt oder widerlegt werden können. Diese Forderung nach empirischem Gehalt ist natürlich dazu bestimmt, Pseudoerklärungen durch Berufung auf metaphysische Instanzen wie Gottes Willen, Platons Ideen[6], die immanente Logik des historischen Prozesses, die Bestimmung der germanischen Völker usw. als Erklärungsprinzipien auszuschließen. Auch diese plausible Bedingung ist schwer genau zu formulieren. Es ist nicht leicht zu sagen, welche Sätze empirischen Gehalt haben und welche Sätze ihn nicht haben. Auch hier wird man einstweilen am besten so verfahren, daß man nur solche Erklärungen zuläßt, über deren empirischen Gehalt sich die Diskussionspartner jeweils einig sind. Eine prinzipielle Klärung des Begriffs ›empirischer Gehalt‹ wird wohl nur dadurch gegeben werden können, daß man eine empiristische Sprache angibt und nur solche Sätze zuläßt, die in diese Sprache übersetzt werden können.

Die *empirische* Adäquatheitsbedingung für wissenschaftliche Erklärung besteht schlicht darin, daß das Explanans *wahr* sein muß. Intuitiv würde es näherliegen, nicht Wahrheit, sondern einen hohen Grad von Wahrscheinlichkeit zu verlangen. Eine Erklärung wäre akzeptabel, wenn sie uns gut begründet scheint. Jedoch weisen Hempel und Oppenheim darauf hin, daß mit solcher Abschwächung das Prädikat ›Erklärung‹ zeitabhängig würde; denn es kann eine Erklärung im Jahre 1840 adäquat gewesen sein, die wir heute nicht mehr akzeptieren. Aber sollen wir dann sagen: Sie war 1840 eine Erklärung und ist es heute nicht mehr? Man kann, meine ich, diese Schwierigkeit vermeiden, ohne die Forderung nach absoluter Wahrheit von Erklärungen einbringen zu müssen, indem man nämlich die Beurteilung des Erklärungswertes von Erklärungen jeweils dem Sprechenden auferlegt. So würde man einen Wissenschaftler von 1840 nicht tadeln können, wenn er etwas eine Erklärung nennt, was wir heute nicht mehr eine Erklärung nennen würden, weil sie mit unseren heutigen Kenntnissen nicht mehr zur Deckung zu bringen ist.

Was ist nun an diesem H-O-Modell der wissenschaftlichen Erklärung für unseren Zusammenhang besonders wichtig? Ich meine, es ist dies: Das Erklärungsmodell kann auf den Bereich der Naturwissenschaften nicht eingeschränkt werden. Eine Struktur wie die eben beschriebene muß überall dort vorausgesetzt werden, wo in einem wissenschaftlichen Text Ausdrücke wie ›weil‹, ›infolgedessen‹, ›daher‹ und dergleichen in verantwortlicher Weise benutzt werden. In jedem Falle wird angedeutet, daß irgendein Sachverhalt aus irgendeinem vorhergehenden Sachverhalt nach gewissen allgemeinen Grundsätzen abgeleitet werden könnte. Solche Abhängigkeiten werden in den Geisteswissenschaften ebenso wie in den Naturwissenschaften ständig benutzt und gelegentlich auch ermittelt. Dabei muß man im Auge behalten, daß die Gesetze, die im Explanans auftreten, keineswegs besondere *geisteswissenschaftliche* Gesetze sein müssen, sondern aus verschiedensten Wissenschaftsgebieten genommen werden können. Die Gesetze, auf die sich beispielsweise ein Historiker berufen könnte, um einen historischen Sachverhalt zu erklären, können aus der Ökonomie, der Psychologie, der Medizin und anderen Wissenschaften stammen. Allgemeine Gesetze über das Verhalten Schizophrener dürften z. B. wichtig sein, um gewisse Texte des späten Nietzsche verständlich zu machen. Oft setzt der Historiker oder Philologe beim Leser die Kenntnis der von ihm benutzten Gesetze stillschweigend voraus, z. B. wenn er die Gegnerschaft des Adels gegen einen mittelalterlichen Herrscher dadurch erklärt, daß dieser in die gewohnten Privilegien des Adels eingriff. Hier wird das allgemeine Gesetz stillschweigend benutzt, daß die Inhaber von Vorrechten die Aufhebung dieser Rechte als eine Verschlechterung ihrer Lage ansehen, und das weitere Gesetz, daß Menschen im allgemeinen zu einem aggressiven Verhalten demjenigen gegenüber neigen, den sie für eine Verschlechterung ihrer Lage verantwortlich machen. Auch bei alltäglichen Erklärungen lassen wir solche Umstände und Gesetze aus, die sich, wie wir meinen, von selbst verstehen. Der Autofahrer kam ums Leben, weil er mit einem Blutalkoholgehalt von 2,3 Promille bei 120 Stundenkilometern von der Straße abkam und gegen einen Brückenpfeiler fuhr. Wir ersparen es uns und dem Hörer, zu sagen, daß es Gesetze gibt, aus denen abgeleitet werden kann, daß jemand mit diesem Alkoholgehalt mit hoher Wahrscheinlichkeit von der Straße abkommen wird und daß er, wenn er bei diesem Tempo gegen einen Brückenpfeiler fährt, im allgemeinen nur geringe Überlebenschancen hat.

Gegen die These, auch historische Erklärung sei Erklärung aus allgemeinen Gesetzen, findet man bei Historikern eine verbreitete Abneigung. Jedoch beruht diese Abneigung wohl auf der falschen Voraussetzung, eine solche Erklärungsweise stehe im Widerspruch zu der Annahme, Menschen könnten sich in gewissen Grenzen auch frei entscheiden. Man fürchtet, das menschliche Verhalten müßte etwas Automatenhaftes bekommen, wenn man auch historische Entwicklungen allgemeinen Gesetzmäßigkeiten folgen läßt. Aber das ist offensichtlich ein Vorurteil; denn auch freie Entscheidungen von Menschen unterliegen gewisser Regelmäßigkeit, wie z. B. Studienfachwahl, die Berufswahl, Heirat und Scheidungen. Auch Wahlentscheidungen einer großen Bevölkerungsgruppe sind in gewissen Grenzen vorhersagbar; und das ist, für sich genommen, keinerlei Grund, an der Freiheit von Wahlentscheidungen zu zweifeln. Ein weiterer Grund der Zurückhaltung der Historiker gegenüber der Voraussetzung allgemeiner Gesetze, die zur Erklärung historischer Abläufe herangezogen werden könnten, besteht in der Annahme, solche Gesetze müßten spezifische *historische* Gesetze eines übergreifenden Typs sein. Beispiele einer solchen übergreifenden Gesetzlichkeit finden wir in Spenglers Hypothese vom gesetzmäßigen Wechsel des Aufstiegs und Verfalls verschiedener Kulturen[7] oder in der (nicht mehr von allen Marxisten geteilten) marxistischen Auffassung, die in der Geschichte ein von Anfang an determiniertes Nacheinander von Klassenkämpfen mit dem schon feststehenden Endergebnis einer proletarischen Revolution sieht. Die empirische Basis für solche Gesetze ist freilich außerordentlich schwach. Aber die Alternative zu einer Geschichtsmetaphysik dieses Typs ist nicht das Stehenbleiben bei der puren Beschreibung einzelner Vorgänge, sondern die Beschränkung auf solche Gesetze einer mittleren Allgemeinheitsstufe, die empirisch gut bestätigt sind und einen klaren Anwendungsbereich haben.

Wir können demnach festhalten, daß auch für die historischen und philologischen Wissenschaften das H-O-Modell der Erklärung als ein Leitbild wissenschaftlicher Erklärung gelten kann. Freilich sind angesichts der Unmöglichkeit von Experimenten und der Kompliziertheit historischer Vorgänge Abstriche bei der Forderung nach *lückenloser* Erklärung und *präziser* Voraussage zu machen. Es ist außerdem deutlich geworden, daß man das Erklären keineswegs, wie Dilthey es versuchte, auf den Typ der Reduktion des Objektbereichs auf einfache Elemente festlegen kann, aus denen dann die Makrophänomene durch mechanische Konstruktion aufgebaut werden[8]. Etwas überspitzt formuliert: Daß führende Theoretiker der Geisteswissenschaften mit ihrer Meinung so lange Glauben gefunden haben, nach der die Erklärung ein methodisches Prinzip der Naturwissenschaften und nur der Naturwissenschaften sei, kann man nur so *erklären*, daß viele Geisteswissenschaftler nicht *verstanden* haben, was eine Erklärung eigentlich ist.

Nun müssen wir zu erklären versuchen, was eigentlich ›Verstehen‹ (im wissenschaftlichen Sinne) ist. Auch hier müssen wir zunächst verschiedene Verwendungsweisen des Ausdrucks unterscheiden. Daß man diese verschiedenen Verwendungsweisen bisher nicht unterschieden hat, ist eine der Hauptquellen der großen Verworrenheit im Bereiche der Theorie der Geisteswissenschaften gewesen. Nur einige Verwendungsmöglichkeiten des Ausdrucks ›Verstehen‹ sind für das wichtig, was man das spezifisch geisteswissenschaftliche Verstehen nennen kann. Man kann z. B. einen mathematischen Beweis oder eine logische Ableitung verstehen, d. h., es wird einem der Zusammenhang zwischen den einzelnen Beweisschritten klar. Man hat den Aufbau einer Zahlenreihe verstanden, wenn man die Reihe über das letzte angegebene Glied hinaus korrekt fortsetzen kann. Dies Verstehen ist für den Naturwissenschaftler ebenso wesentlich wie für den Geisteswissenschaftler. Außerdem greift es weit über den Bereich der Wissenschaften hinaus. Eine andere Bedeutung von Verstehen ist im Spiel, wenn wir jemandem durch das Telefon, in dem die Störungsgeräusche zu stark sind, zurufen: »Ich verstehe dich nicht«, d. h., ich verstehe dich *akustisch* nicht. Derselbe Fall liegt vor, wenn wir jemanden nicht verstehen, weil er zu schnell in einer Fremdsprache redet. Etwas ganz anderes meinen wir, wenn wir jemandem sagen: »Ich verstehe dich sehr gut«, d. h., ich kann *nachvollziehen*, was du empfindest, die Motive verstehen, aus denen du handelst. Es ist etwas Verschiedenes, ob man eine sprachliche Äußerung versteht oder einen sogenannten seelischen Vorgang nachvollzieht. Ich kann jedes Wort von dem verstehen, was jemand sagt, aber ich kann im gleichen Augenblick ganz und gar nicht verstehen, *warum* er das sagt, was er sagt, und ihn also in diesem Sinne nicht verstehen. Diese beiden grundverschiedenen Begriffe von Verstehen gehen bei Dilthey und bei manchen anderen Theoretikern der Geisteswissenschaft ständig durcheinander[9]. Wir tun gut daran, die verschiedenen Verwendungsmöglichkeiten des Ausdrucks ›Verstehen‹ in drei Hauptgruppen zu ordnen: Der ersten Hauptgruppe ordnen wir alles das zu, was man *Zusammenhangsverstehen* nennen könnte. Die zweite Hauptgruppe soll unter dem Titel *Ausdrucksverstehen* jene Verstehensformen zusammenfassen, die darin übereinstimmen, daß in ihnen ein Ausdruck, im allgemeinen ein sprachlicher Ausdruck, als Äußerung eines bestimmten Sinnes aufgefaßt wird. Die letzte Hauptgruppe schließlich soll durch den Titel *einfühlendes Verstehen* gekennzeichnet sein. Hier ist von jenem Verstehen die Rede, das sich auch als Nachvollzug seelischer Vorgänge beschreiben läßt.

Wenn man diese drei grundverschiedenen Arten von Verstehen erst einmal voneinander getrennt hat, dann sieht man leicht, wie unscharf die These ist, nach der *das* Verstehen die Methode der Geisteswissenschaften sein soll. Das Zusammenhangsverstehen ist offensichtlich ein notwendiges Element in jeder Wissenschaft und den Geisteswissenschaften ebenso wie den Naturwissenschaften eigen; außerdem spielt es eine wesentliche Rolle in jeder rationalen Lebenspraxis. Die zweite Hauptgruppe, das Ausdrucksverstehen, hat nun unmittelbar etwas mit den Verfahren der philologischen und historischen Wissenschaften zu tun. Freilich müssen auch Naturwissenschaftler Bücher und Aufsätze lesen können, in denen ihre Kollegen über Experimente berichten und Hypothesen aufstellen: aber das Verstehen eines wissenschaftlichen, vielleicht auch fremdsprachlichen wissenschaftlichen Textes aus seinem Fachgebiet würde der Naturwissenschaftler nicht gerade unter seine spezifisch *naturwissenschaftlichen* Tätigkeiten und Fähigkeiten rechnen. Insofern die Geisteswissenschaften Methoden entwickelt haben, die dieses spezifische Ausdrucksverstehen in schwierigen Fällen, bei fremdsprachlichen Texten etwa, die auch zeitlich weit von unserer Epoche entfernt sind, ermöglichen, besteht zwischen dem Verstehen im Sinne des Ausdrucksverstehens und den Geisteswissenschaften ein enger Zusammenhang. Aber die geisteswissenschaftlichen Methoden sind dazu da, um das Verstehen zu ermöglichen, nicht ist das Verstehen im Sinne des Ausdrucksverstehens selbst eine Methode der Geisteswissenschaft. Schließlich ist für das einfühlende Verstehen im Sinne eines Nachvollzugs seelischer Prozesse allerdings einzuräumen, daß es eine der verschiedenen Methoden der Geisteswissenschaften sein kann, sich durch eine solche Einfühlung dem Gegenstand anzunähern. Aber hier muß man darauf achten, daß diese Art von Einfühlung keineswegs eine Methode ist, die für sich selbst Ergebnisse sichern kann, z. B. durch die ›Evidenz‹ der inneren Überzeugung, wie Dilthey wollte; vielmehr kann die Einfühlung nur ein *heuristisches Prinzip* sein. Ob sie im Einzelfalle das Richtige trifft oder nicht, muß durch andere wissenschaftliche Methoden ermittelt und abgesichert werden.

Die Rolle des einfühlenden Verstehens als heuristisches Prinzp behandelt Theodore Abel in seinem Aufsatz »The Operation called ›Verstehen‹« (1953)[10]. Er geht dabei von folgendem Beispiel aus: Ich sitze im Mai am Schreibtisch und bemerke, daß die Außentemperatur empfindlich abfällt. Ich beobachte nun, daß mein Nachbar, der ebenfalls in seinem Haus an seinem Schreibtisch sitzt, aufsteht, aus dem Haus tritt, eine Axt nimmt, einige Holzstämme kamingerecht zerkleinert, mit den Holzscheiten ins Haus zurückkehrt und ein Feuer im Kamin anzündet. Danach setzt sich der Nachbar wieder an seinen Tisch und fährt in seiner Tätigkeit fort. Während ich dies beobachte, scheint mir evident, daß mein Nachbar das Feuer angemacht hat, weil er gefroren hat. Ich *verstehe* seine Handlungsweise als naheliegend, natürlich und zielgerichtet. Diese Interpretation ist plausibel: Wenn es kalt wird, friert man, wenn man friert, wünscht man sich zu wärmen, Heizung des Raumes ist dazu ein geeignetes Mittel. So weit, so gut. Abel betont nun, daß wir damit nur eine *mögliche* Erklärung des Verhaltens unseres Nachbarn haben. Ich könnte ihn später fragen, warum er sich so verhalten hat. Aber auch dann könnte der Fall vorliegen, daß er sich vielleicht nicht darüber im klaren war, daß er in Wirklichkeit symbolisch das Haus anzünden wollte, weil er sich über den Besitzer geärgert hatte, oder daß er einen Besucher erwartet, dem er durch den brennenden Kamin imponieren wollte. Das könnte ihm selbst nicht bewußt sein, er könnte es auch wissen und es mir verheimlichen wollen. Mit Sicherheit weiß ich nur, daß meine Interpretation eine mögliche Erklärung seines Verhaltens ist.

Zwei Schritte sind für alles Verstehen im Sinne des einfühlenden Verstehens kennzeichnend: das *Internalisieren* beobachteter Faktoren in einer gegebenen Situation, zweitens dann die Anwendung von Verhaltensmaximen oder Verhaltensregeln, die zwischen diesen internalisierten Faktoren eine *einleuchtende* Verbindung herstellen. Wir *verstehen* eine menschliche Verhaltensweise durch Einfühlung, wenn wir auf dies Verhalten eine Regel anwenden können, die auf *persönlicher Erfahrung* beruht. Solche Verhaltensregeln können wir nur dort anwenden, wo wir die Tatsachen, die eine Situation charakterisieren, in geeigneter Weise internalisieren können. Erklärungen menschlichen Verhaltens sind auch ohne solches einfühlende Verstehen möglich. Ich kann z. B. wissen, daß bestimmte Tiere als Totem-Tiere in Eingeborenen unüberwindliche magische Scheu auslösen und daher *erklären*, warum diese Eingeborenen sich eher in Lebensgefahr begeben als gegen die Taburegeln gegenüber diesem Tier verstoßen. Verstehen kann ich es nicht. Entsprechendes gilt von Zwangsneurosen, wie dem Waschzwang, oder Depressionen. Man weiß aus Büchern, daß jemand, der in einer depressiven Phase ist, zu wahnhaftem Schuldgefühl neigt, zu der Meinung, daß ja doch alles keinen Zweck habe, alle Aktivität sinnlos sei, die Menschen ihm nichts mehr bedeuten und sich um ihn nicht kümmern. Insofern kann ich die Verhaltensweise eines Depressiven voraussagen und als für sein Krankheitsbild charakteristisch erklären, aber nicht verstehen, es sei denn, ich hätte selbst einmal eine solche Krankheit durchgemacht; aber auch da fehlt meist die Fähigkeit, sich den affektiven Gehalt, der erlebt wird, wieder lebendig zu machen. Abel weist mit Recht darauf hin, daß der wissenschaftliche Wert des Verstehens lediglich in seiner heuristischen Funktion zur Einführung von *Hypothesen* über Verhaltenszusammenhänge bestehen kann. Zur *Verifikation* solcher Hypothesen müssen dann andere Verfahren benutzt werden. Wir können z. B. verstehen, daß die Einwohner einer belagerten Stadt durch die Entbehrungen in ihrem Widerstandswillen gebrochen werden und sich schließlich ergeben. Wir können aber auch verstehen, daß die Einwohner derselben Stadt durch die gemeinsam erlebte Not zu ungewöhnlicher Gemeinsamkeit des Handelns, zu Haß gegen den Belagerer, zu verzweifelter Entschlossenheit und Widerstand bis zum letzten motiviert werden. Unser einfühlendes Verstehen reicht also nicht aus, irgendeine historische Hypothese über das vermutliche Verhalten einer Gruppe von Menschen wissenschaftlich zu sichern. Jedoch kann man wohl auch einräumen, daß der wissenschaftliche Wert des Verstehens nicht bloß in seiner Rolle als heuristisches Prinzip zu liegen braucht. Wenn wir einen Zusammenhang zwischen zwei Ereignisklassen empirisch gut bestätigt finden, so ist es ein Gewinn an Erkenntniswert, wenn wir diesen Zusammenhang außerdem auch noch einfühlend verstehen können. Auf diese Weise wird ein Zusammenhang in optimaler Weise in unseren Erfahrungsbereich einbezogen. Das einfühlende Verstehen ist in den historischen Wissenschaften nicht bloß ein heuristisches Prinzip, und jedenfalls keine zuverlässige Methode, aber oft gerade das Erkenntnisziel historischer Untersuchungen.

Wir wollen uns nun dem Verstehen vom zweiten Typus, dem Ausdrucksverstehen, zuwenden und seine Rolle im Methodenbereich der Geisteswissenschaften etwas näher betrachten. Gerade dieses Verstehen von Ausdruck, speziell sprachlichem Ausdruck, als Ausdruck eines bestimmten Sinnes ist der eigentliche Gegenstand der unter dem Namen der Hermeneutik zusammengefaßten theoretischen Methoden. Die Aufgabe der Hermeneutik ließe sich wohl wie folgt beschreiben: Zwischen zwei befreundeten Zeitgenossen, bei denen man etwa den gleichen Bildungshorizont voraussetzen kann und die beide als Sprechende die Voraussetzungen des jeweils Hörenden gut überblicken, pflegt die Verständigung problemlos zu funktionieren. Auch der Dialog unter Fachgenossen einer Wissenschaft wird zwar gelegentlich durch Verständigungsschwierigkeiten beeinträchtigt, weil es sich um Gegenstände handeln kann, die nicht leicht aufzufassen sind; im allgemeinen wird es aber nicht an der sprachlichen Seite liegen, wenn solche Schwierigkeiten in der Diskussion auftreten.

Da wir wissen, wie ungestörte sprachliche Kommunikation abläuft, erscheint uns eine solche Kommunikation zwischen gleichzeitigen, gleich informierten Sprechern und Hörern als das Ideal, hinter dem das bei vielen Texten erreichbare Maß an

Verständnis offensichtlich zurückbleibt. Verschiedenheit der Sprachen, Verschiedenheit der Zeiten, Verschiedenheit der Informiertheit über die jeweils verhandelte Sache treten störend zwischen den Sender und den Empfänger. Man könnte nun die Methoden der Hermeneutik als die Klasse der Verfahrensweisen auffassen, mit denen wir diese Kluft jeweils zu überbrücken versuchen, um zunächst uns selbst, dann aber auch andere mögliche Empfänger der sprachlichen Sendung soweit als möglich in ideale Hörer zu verwandeln. Eine Übersetzung aus dem Englischen stellt den Leser, der nur deutsch liest, in gewissen Grenzen dem Engländer gleich, der den englischen Originaltext lesen kann. Sprachgeschichtliche Bemerkungen überbrücken für den modernen Leser die Veränderungen, die sich in Syntax und Semantik der jeweils benutzten Sprache eingestellt haben und den Sinn verdunkeln können. Schließlich kann man durch eine Einleitung den Leser auf den allgemeinen zeitgenössischen Hintergrund einzustellen und einzustimmen versuchen, dem der Text angehört; und im Kommentar zu einem Text bringen wir ihm die Sacherklärungen bei, die zu einem vollständigen Verständnis des Textes nötig sind. Klar ist, daß Übersetzungen und Kommentare den bestehenden Abstand nicht vollständig überbrücken können. Auch die methodischen Schwierigkeiten eines solchen Vorgehens kann man nicht verkennen. Die Auslegungen kompetenter Sachkenner differieren sowohl im einzelnen wie im Gesamtbild, und die Argumente für konkurrierende Interpretationen halten sich oft fast die Waage. Die Wahrheit einer Auffassung läßt sich in den wichtigsten Fällen nicht beweisen, sondern nur mehr oder weniger einleuchtend machen. Jedoch ist dies noch kein grundsätzlicher Einwand gegen die Möglichkeit einer wissenschaftlichen, d. h. unter der Idee der Wahrheit stehender, objektiver Nachprüfung fähiger, Diskussion hermeneutischer Thesen und Resultate.

Ein viel ernsteres Argument gegen die Wissenschaftlichkeit unserer Bemühungen um die Aneignung des Überlieferungsbestandes läßt sich so formulieren: Es ist unbestreitbar, daß jedes Individuum und jede historische Epoche nur für gewisse Aspekte der Überlieferung offen ist und wichtige Teile des Traditionszusammenhangs vernachlässigen muß. Dies ist ein Topos, der besonders bei den Historikern und in der Auseinandersetzung um den Geschichtsunterricht an unseren allgemeinbildenden Schulen immer wieder anklingt: Soll der Gegenwartsbezug das einzige Relevanzkriterium sein, unter dem der gewaltige historische Stoff verfügbar gemacht werden kann? Soll nur das, was Wirkungen in unserer heutigen Umwelt hinterließ, Gegenstand des historischen Unterrichts sein und in dem Maße, in dem es in der heutigen Situation sich als fortdauernd wirksam erweist? Wenn wir einmal von der Frage, ob es so sein soll, absehen: *Kann* die historische und philologische Analyse der Dokumentationen vergangener Epochen etwas anderes sein als die Herausarbeitung alles dessen, was aus unserer heutigen Situation uns daran auffällt, uns berührt, vielleicht uns hilft, uns heute zurechtzufinden? Das sind Fragen, die nicht mit Ja oder Nein beantwortet werden können, weil sie auf eine unzulässige Alternative eingestellt sind. Es ist etwas anderes, die Geschichte als Vorgeschichte unserer eigenen Situation zu behandeln oder uns aus unserer historischen Provinzialität dadurch zu befreien, daß wir in der Geschichte ganz andere Modelle und Entwürfe menschlicher Existenz aufweisen und uns in sie vertiefen als in offene Möglichkeiten auch unserer eigenen Lebensgestaltung. Und schließlich gibt es noch die

Verfahrensweise, die unsere eigene gegenwärtige Erfahrung als Schlüssel zur Erklärung vergangener Ereignisse und Zusammenhänge benutzt. *Erklärung* der Gegenwart aus der Vergangenheit, *Vergegenwärtigung* des Vergangenen in seiner Fremdheit und schließlich *Entschlüsselung* der Vergangenheit mit Hilfe gegenwärtiger Erfahrung: das sind die drei Pole eines hermeneutischen Dreiecks, von denen keiner für den anderen eintreten kann und von denen auch keiner absolut gesetzt werden darf.
[ . . . ]


Anmerkungen
1 Wilhelm Dilthey lebte von 1833–1911. [Hrsg.]
2 Vgl. Immanuel Kant, Kritik der reinen Vernunft, Vorrede zur 2. Auflage von 1787 A. [Hrsg.]
3 Vgl. John L. Austin, Zur Theorie der Sprechakte. Stuttgart 1972 (engl. How to do things with Words, 1962). [Hrsg.]
4 Carl Gustav Hempel/Paul Oppenheim, Studies in the Logic of Explanation, in: *Philosophy of Science* 15 (1948) S. 135–176; auch in: *Readings in the Philosophy of Science,* hrsg. von H. Feigl und M. Brodbeck, New York 1953.
5 Anfangsbedingungen (auch: Randbedingungen): siehe Popper, Text 2.3, Z. 39–49. [Hrsg.]
6 Vgl. Günther Patzig, Platons Ideenlehre, kritisch betrachtet, Reclam (siehe Quellenverzeichnis) S. 119–143; Patzig kritisiert Platons Ideen als unzulässige Interpretation des Allgemeinen nach dem »Modell des Sehens«. [Hrsg.]
7 Vgl. Oswald Spengler, Der Untergang des Abendlandes, 2 Bände, 1918–22. [Hrsg.]
8 W. Dilthey, »Ideen über eine beschreibende und zergliedernde Psychologie«, in: W. D., *Gesammelte Schriften,* Bd. 5, Leipzig 1924, S. 158f. Dort auch (S. 144) der programmatische Satz »Die Natur erklären wir, das Seelenleben verstehen wir«.
9 Gadamers Buch *Wahrheit und Methode* ist hierin eine rühmliche Ausnahme.
10 Th. Abel, The Operation called ›Verstehen‹, in: *Readings in the Philosophy of Science* (s. Anm. 4), S. 677–688.

## 2.5 Der chinesische Beitrag zu Wissenschaft und Technik

*Joseph Needham:* Der chinesische Beitrag zu Wissenschaft und Technik

[ ... ]
Zu der Zeit, in der die Normannen England eroberten, fanden in China systematische Messungen des Niederschlages statt, und gegen Ende der römischen Periode, um das Jahr 132 n. Chr., erfand der Mathematiker Chang Hêng den ersten Seismographen. Seine Beschreibung ist bemerkenswert. Der Seismograph war so gebaut,
5 daß bei einem Zittern der Erde eine bronzene Kugel aus dem Munde eines bronzenen Tieres in eine tieferliegende Schale fiel. Es heißt, daß man auf diese Weise am kaiserlichen Hof bereits mehrere Tage vor dem Eintreffen der Boten von einem Erdbeben wußte. Aus derselben Zeit liegen viele Berichte über andere einfallsreiche Apparate vor. Es gibt Aufzeichnungen über ein wagenartiges Gerät, das, falls
10 es nach Süden ausgerichtet wurde, weiterhin in diese Richtung zeigte, ganz gleich, in welche es gelenkt wurde. Bei diesem Gerät handelt es sich nicht um den magnetischen Kompaß, sondern um eine mechanische Erfindung, die erste aller kybernetischen Maschinen. Ein anderes Fahrzeug, ein »Taximeter«, ließ nach jeder Meile, das es zurückgelegt hatte, einen Gong ertönen; dies half bei der kartographischen
15 Erfassung des Reiches.
Über vieles, wie die Seidentechnik oder die Entwicklung von Keramik und Porzellan, muß ich hinweggehen. Die drei größten Erfindungen der Chinesen waren zweifelsohne Papier- und Druckkunst, der magnetische Kompaß und das Schießpulver.
Besonders interessant ist die Erfindung von Papier und Druckkunst. Die histori-
20 schen Aufzeichnungen der Chinesen sind so exakt, daß wir fast bis auf den Tag genau wissen, wann zum ersten Mal Papier hergestellt wurde. Im Jahre 105 n. Chr. wandte sich Ts'ai Lun an den Kaiser und sagte: »Bambustafeln sind so schwer, und Seide ist so teuer, deshalb habe ich eine Methode gesucht, Splitter von Baumrinde, Bambus und Fischnetze miteinander zu vermischen, und ich habe einen sehr dün-
25 nen Stoff hergestellt, auf dem sich schreiben läßt.« Doch erst etwa 6 Jahrhunderte später, um das Jahr 700 n. Chr., wurde dieser Stoff zum Drucken benutzt. Diese Technik begann in Westchina, und es dauerte noch weitere 300 Jahre, bevor man mit beweglichen Handdrucken begann. Obwohl diese Technik kurz vor der Zeit Gutenbergs ihren Weg nach Europa fand, entwickelte sie sich in China kaum, denn
30 bei den chinesischen Schriftzeichen ist es bequemer, gleich Druckplatten zu entwerfen und die Zeichen für eine ganze Seite aus einem Stück Holz zu schneiden. Vielleicht ist die Idee des Druckens aus der Siegelherstellung, die in China eine sehr lange Tradition hat, hervorgegangen.
Die in China hergestellten Bücher unterscheiden sich stark von den Büchern im
35 Westen, denn die Blätter wurden nur auf einer Seite bedruckt, diese Seiten dann gefaltet und zusammengenäht. Ursprünglich schrieb man nämlich auf Schriftrollen aus Seide, die dann zusammengerollt wurden. Als man dann mit dem Drucken begann, nahm man das Papier und faltete es immer wieder, so daß der Druck immer nur auf eine Seite kam.

Man hat behauptet, daß die Erfindung des Buchdrucks in Europa eine der Ursachen war, die zur Fragmentierung der europäischen Zivilisation nach der Einigkeit im lateinisch-sprechenden Mittelalter geführt hat; denn wenn man in den verschiedenen lokalen Dialekten Bücher oder Pamphlete druckt und vertreibt, werden sehr viele Sprachvarianten verbreitet, die dann erstarren. Dies trat in China nicht ein, denn die Schriftsprache der Chinesen ist eine »monolithische« Einheit. Sie wird in verschiedenen Teilen des Landes verschieden ausgesprochen, doch sie kann nicht unterschiedlich buchstabiert werden. Die Zeichen sind immer identisch, deshalb konnte das Drucken nicht die fragmentierenden und desintegrierenden Auswirkungen auf die chinesischen Provinzen haben wie während der Renaissance in verschiedenen Teilen Europas.

Äußerst umstritten ist die Geschichte des nautischen Kompasses. Wir wissen, daß die Römer die Anziehungseigenschaften der magnetischen Nadel kannten; dasselbe gilt für die Han-Chinesen, doch diese wußten auch schon über Polarität Bescheid. In der Sung-Dynastie war der Kompaß schon allgemein verbreitet. Um 1085 n. Chr. verfaßte Shen Kua ein Buch, in dem der magnetische Kompaß beschrieben wird. Er schrieb, wenn Zauberer die nördliche Richtung suchen, greifen sie zu einer Nadel, reiben diese an einem Magneteisenstein und hängen sie an einem dünnen Stück Faden auf, dann zeigt die Nadel normalerweise nach Süden. Er fügte hinzu, es gebe zwei Sorten Nadeln, eine, die nach Norden und eine andere, die nach Süden zeige; dies sei aber nicht überraschend, da es auch zwei Tierarten gebe, eine, die ihre Hörner im Sommer, eine andere, die sie im Winter abwerfe. Früher scheinen die Chinesen offensichtlich ihre Magneteisensteine in der Form von Löffeln angefertigt zu haben. Schon lange vor dem Jahre 1180 n. Chr. (dem Jahr, in dem man erstmalig in Europa von magnetischer Polarität erfuhr) gab es in China Aufzeichnungen von Reisen nach Korea, Kambodscha usw., die eindeutig belegen, daß die Schiffe mit Hilfe eines Kompasses gesteuert wurden.

Kommen wir zum Schießpulver: Man weiß zwar, daß in der Han-Zeit Feuerwerkskörper benutzt wurden, doch allem Anschein nach hatten sie nichts mit Schießpulver zu tun. Wahrscheinlich waren sie Splitter von grünem Bambus. Beschreibungen von Feuerwerken findet man zwischen den Jahren 600 und 900 n. Chr. (der T'ang-Zeit). Das deutet darauf hin, daß bestimmte brennbare Mischungen bekannt waren. Eine deutliche Aussage über die Verbindung von Schwefel, Salpeter und kohlehaltigem Material – die erste in irgendeiner Zivilisation – stammt aus dem Jahre 850 n. Chr. Der erste Hinweis auf die Verwendung von Schießpulver im Krieg erfolgte kurz nach dem Jahre 900 n. Chr. Es stimmt nicht, daß die Chinesen zwar das Schießpulver erfanden, doch so human waren, es nur bei Feuerwerken einzusetzen. Erstmalig wurde es bei einem Flammenwerfer eingesetzt, indem man Öl durch Schießpulver entzündete, es aber nicht explodieren ließ, sondern es herunterbrannte, ›wie ein langsames Streichholz‹. Später stößt man auf die Rakete (Feuerpfeil), alle möglichen Bomben, die durch Katapulte befördert wurden. In den Kämpfen zwischen den Ch'itan (Liao) und den Jurchen (Chin)-Tataren im Norden und den Anhängern der Sung im Süden wurden Bomben eines hochgradig destruktiven Typs eingesetzt, denn man hatte den Anteil des Nitrats heraufgesetzt. Ich bin fest davon überzeugt, daß man das Schießpulver auf die alchimistischen Experimente der Taoisten der T'ang-Zeit zurückführen kann.

Ein weiterer Punkt, den wir wenigstens erwähnen müssen: Man nimmt ursprünglich an, daß das Impfen nicht asiatischen Ursprungs ist; die erste Idee hierzu erschien jedoch einer taoistischen Nonne im Traum. Sie nahm Gewebeteile aus einer Pockenpustel und verpflanzte sie in die Nasenschleimhaut. Damit befolgte sie wahrscheinlich irgendein Prinzip der sympathetischen Magie. Dieser Vorgang der »Variolation« (Verpockung) ist noch heute unter den Mongolen üblich; der Eingriff ist gefährlich, denn er kann eine Epidemie auslösen, doch einzelne können durch ihn geschützt werden.

Auch auf die Literatur zur pharmakologischen Naturgeschichte ist noch hinzuweisen. Es handelt sich dabei um eine umfassende Sammlung bedeutender Arbeiten, deren erste in der Han-Zeit erschien. Sie enthält nicht nur Beschreibungen von Pflanzen, Bäumen und vielen Tieren, sondern auch von allen möglichen Mineralien. Als Paracelsus (16. Jahrhundert n. Chr.) den Gebrauch von Mineralien in die Medizin einführte – Mercurium, Antimonium, Wismuth usw., statt wie bis dahin üblich, nur Kräuter – löste er damit in Europa eine hitzige Debatte aus. Damals hatten die Chinesen jedoch schon seit Jahrhunderten Mineralien verwandt.

Eine andere Entdeckung betraf die sogenannten Mangelerkrankungen. Normalerweise nimmt man an, daß das Wissen um Mangelerkrankungen aus unserer Zeit stammt und gleichzeitig mit der Erkenntnis der kurativen Wirkung der Vitamine entstand. Doch falls die Erkenntnis, daß einige Krankheiten allein durch Diät und ohne »gewöhnliche« Medikamente geheilt werden können, ein empirisches Erkennen von Mangelerkrankungen ist, dann verfügten die Chinesen sehr wohl darüber. Es liegt ein Buch des Hu Ssu-Hui aus der Yuan-Dynastie (14. Jahrhundert n. Chr.) vor, das den Titel trägt: »Einige Krankheiten können allein durch Diät geheilt werden.« In diesem Buch beschreibt der Autor Formen von Beri-Beri und empfiehlt Gerichte, die in nur wenigen Stunden verzweifelte Patienten fast völlig kurieren.

Ich habe über die philosophischen Schulen der Chinesen geredet, über die chinesischen »Protowissenschaften« und über einige der technischen Errungenschaften Chinas. Abschließend möchte ich zu unserer Ausgangsfrage zurückkommen: Warum ist in China keine moderne Technologie entstanden? Warum hat sich keine moderne Wissenschaft entwickelt? Hierfür müssen viele Faktoren ausschlaggebend gewesen sein. Ich will versuchen, mich auf konkrete, materielle Faktoren zu beschränken, denn wenn man nur Ideen hervorhebt, wird man zu leicht in die Irre geführt. Natürlich sind auch Ideen wichtig, doch nicht weniger wichtig sind geographische und soziale Faktoren, die das Leben des chinesischen Volkes über drei Jahrtausende bestimmten.

Reden wir zunächst vom Regen – China ist ein Land des Monsuns, dort ist der Niederschlag im Juni und Juli weitaus größer als in anderen Monaten; außerdem variiert er stark von Jahr zu Jahr. Das stellte die Chinesen bereits sehr früh vor die Notwendigkeit, großflächige Bewässerungsanlagen anzulegen und Wasser zu speichern. Auf diesem Gebiet sind ihre Errungenschaften bedeutender als die irgendeiner anderen Zivilisation, selbst der der Ägypter. Der Große Kanal ist eine der bedeutendsten Errungenschaften des hydraulischen Ingenieurwesens in der ganzen Welt. Einige Sinologen haben daraus die Schlußfolgerung gezogen, daß die Notwendigkeit der Wasserwirtschaft zwei Folgen hatte: Es mußten Millionen von Arbeitern kontrolliert werden, und dafür war ein umfassender Beamtenapparat erforder-

lich. Niemand, der die chinesische Zivilisation nicht kennt, kann sich die Bedeutung des Beamtentums und des Mandarinats im traditionellen China vorstellen. Gleichzeitig muß man sich auch die Fläche des bewässerten Gebietes vor Augen halten, denn wenn die Arbeit sinnvoll sein sollte, so mußte sie im großen Rahmen durchgeführt werden. Damit aber übersteigt sie die Grenzen der Lehen individueller Feudalherren. In dem Maße, in dem jedoch die Zentralgewalt stärker wurde, nahm die Macht der Feudalherren ab und die des Kaisers zu.
Außerdem müssen wir auch den kontinentalen Charakter Chinas im Gegensatz zu der halbinsularen Struktur Europas in Betracht ziehen. Der merkantile Stadtstaat war die typische politische Einheit Europas. Die Verteilung von Land und Wasser in Europa führte sehr früh zu einer Betonung maritimer Seefahrt und zu einer merkantilen Wirtschaft. Demgegenüber führte die territoriale Ausdehnung Chinas zu einem Netz von Städten, die durch einen Gouverneur oder einen Magistraten »für den Kaiser gehalten wurden« und die jeweils von Hunderten landwirtschaftlicher Dörfer umgeben waren. Man muß stets die griechische *polis* der chinesischen *hsien* gegenüberstellen. Wenn aber das Mandarinat regiert, wenn das Beamtentum stets die größte Macht ausübte, dann wirkte das wie eine Schranke gegenüber der Entwicklung jeder anderen Gruppe der Gesellschaft, so daß die Kaufleute immer kleingehalten wurden und unfähig waren, im Staate zu einer Machtposition aufzusteigen. Zwar hatten sie ihre Gilden, doch diese waren nie so bedeutend wie die in Europa. Vielleicht ist dies die Hauptursache für das Unvermögen der chinesischen Zivilisation, eine moderne Technologie zu entwickeln. In Europa war nämlich die Entwicklung der Technologie eng mit dem steigenden politischen Einfluß der Kaufmannsklasse verbunden. Und woher kam das Geld für wissenschaftliche Entdeckungen? Es kam weder vom Kaiser noch von den Feudal-Fürsten, denn sie konnten durch Wandel nur verlieren. Anders die Kaufleute; sie finanzierten Forschungen, um neue Produktions- und Handelsformen zu entwickeln; genauso hat es sich in der europäischen Geschichte zugetragen. Man hat die chinesische Gesellschaft als »bürokratisch-feudalistisch« bezeichnet; das mag zu einem großen Teil erklären, warum die Chinesen, trotz ihrer brillanten Erfolge in der früheren Wissenschaft und Technik, nicht wie die Europäer in der Lage waren, die Fesseln mittelalterlicher Ideen zu sprengen und zu dem zu gelangen, was wir die moderne Wissenschaft und Technik nennen. Ich glaube, einer der wichtigsten Gründe für die unterschiedliche Entwicklung in China und Europa liegt darin, daß China dem Wesen nach eine Zivilisation der bewässerten Landwirtschaft – im Gegensatz zur weidewirtschaftlich-maritimen Zivilisation der Europäer – war; das hatte zur Folge, daß der Aufstieg der Kaufleute an die Macht verhindert wurde.
Wenn man alle Umweltbedingungen einbezieht, so spricht es genauso wenig für die Europäer, daß sie die moderne Wissenschaft und Technik entwickelt haben, wie es gegen die Chinesen spricht, daß sie es nicht getan haben. Die Möglichkeiten dazu waren überall vorhanden, doch die günstigen Bedingungen nicht.

# 3 Was soll Wissenschaft?

## 3.1 Das Wissen vom Guten

*Platon:* Charmides

[ . . . ]
[172b] »Liegt vielleicht«, fragte ich, »der Wert der jetzt von uns als Wissen vom Wissen und Nichtwissen gefundenen Besonnenheit darin, daß ihr Besitzer leichter lernt, was er außer diesem Wissen noch lernt, und daß er alles klarer sieht, da er ja zusätzlich zum jeweiligen Wissensgebiet einen Einblick in das Wissen selbst hat? Und wird er auch die anderen in den Gebieten besser prüfen können, die er selber gelernt hat? Ohne solches Wissen aber wird man nicht so leicht und weniger gründlich prüfen können? Haben wir ungefähr diesen Nutzen von der Besonnenheit, mein Freund, [c] und sehen wir in ihr etwas Großartigeres und halten danach Ausschau, als sie tatsächlich ist?«

»Das könnte schon so sein«, sagte er.

»Vielleicht«, meinte ich. »Vielleicht aber haben wir auch nichts Brauchbares gesucht. Ich komme darauf, weil mir an der Besonnenheit einiges höchst merkwürdig erscheint, wenn sie wirklich diese Beschaffenheit hat. Wenn du einverstanden bist, wollen wir dies uns einmal ansehen und dabei zu wissen einräumen, daß man Wissen wissen kann; auch wollen wir unsere anfängliche Bestimmung der Besonnenheit, zu wissen, was man weiß und was nicht, nicht zurückweisen, sondern sie zugeben. [d] Dies alles also zugegeben, wollen wir noch besser prüfen, ob sie uns bei einer solchen Beschaffenheit nützen wird. Denn unsere Behauptung von vorhin, eine solche Besonnenheit sei sehr wertvoll, wenn sie die Geschäfte des Hauswesens und der Polis lenkt, stimmt meiner Meinung nach nicht, Kritias.«

»Wieso denn nicht?« fragte dieser.

»Weil wir«, antwortete ich, »leichtfertig gemeinsam behauptet haben, für uns sei es sehr gut, wenn jeder von uns nur das tut, worin er sich auskennt, und das, wovon er nichts versteht, anderen überträgt, die davon etwas verstehen.«

[e] »Das sollten wir nicht zu Recht gemeinsam behauptet haben?« fragte er.

»Meiner Meinung nach nicht«, antwortete ich.

»Du redest in der Tat höchst merkwürdige Dinge, Sokrates«, meinte er.

»Beim Hund«, erwiderte ich, »das kommt mir auch so vor. Das hatte ich ja vorhin im Sinn, als ich sagte, mir erscheine einiges höchst merkwürdig und daß ich fürchte, wir untersuchten die Frage nicht richtig. Denn selbst wenn die Besonnenheit wirklich so beschaffen wäre, ist mir in der Tat keineswegs klar, [173] welchen Wert sie uns eigentlich bringt.«

»Wieso denn?« fragte er. »Sage es uns doch, damit auch wir sehen können, was du eigentlich meinst.«

»Ich glaube zwar«, sagte ich, »daß ich dummes Zeug rede. Dennoch sollten wir genau untersuchen, was uns da in den Blick kommt, und es nicht leichtfertig übergehen, wenn uns auch nur ein wenig an uns selbst gelegen ist.«

»Darin hast du recht«, bestätigte er.

»Höre dir also«, fuhr ich fort, »meinen Traum an, mag er durch die Pforte aus Horn oder aus Elfenbein gekommen sein*. Wenn uns die Besonnenheit, wie wir sie eben bestimmt haben, auch wirklich leitete, würde alles mit Sachwissen getan werden. [b] Kein Steuermann würde uns hintergehen, der sich bloß als Steuermann ausgibt, es aber nicht ist. Auch würde uns kein Arzt, Feldherr oder irgendein anderer verborgen bleiben, der etwas zu wissen vorgibt, was er in Wirklichkeit nicht weiß. Würde sich aber daraus etwas anderes im Vergleich zu unserem jetzigen Zustand ergeben, als daß wir gesünder am Körper wären, daß wir eher aus Gefahren auf dem Meer und im Krieg gerettet würden und daß unser Hausrat, alle Kleidungsstücke, das gesamte Schuhzeug, [c] alle Gebrauchsgüter und vielerlei mehr sachgemäßer hergestellt würden, da wir ja nur wirkliche Sachverständige heranzögen? Wenn du willst, können wir auch die Wahrsagekunst als ein Wissen, nämlich vom Zukünftigen, betrachten und zugeben, daß uns die Besonnenheit durch ihre Aufsicht über sie die Wichtigtuer vom Leibe hält und nur die wirklichen Seher als Deuter der Zukunft zuläßt. Daß die menschliche Gemeinschaft bei einer derartigen Verfassung [d] sachverständig handeln und leben würde, sehe ich ein. Denn die Besonnenheit würde unter ihrer Aufsicht nicht zulassen, daß sich bei uns Nichtwissen als Mithelfer einschleicht. Daß es uns aber durch sachverständiges Handeln auch gut ginge und daß wir glücklich wären, das, lieber Kritias, können wir doch noch nicht einsehen.«

»Aber du wirst«, antwortete dieser, »nicht so leicht eine andere Erfüllung für Wohlergehen finden, wenn du das sachverständige Handeln abwertest.«

»Dann mußt du mich aber noch über die eine Kleinigkeit belehren«, sagte ich, »worauf sich dein ›sachverständig‹ bezieht. Auf das Zurechtschneiden von Schuhzeug vielleicht?«

[e] »Beim Zeus, das meine ich nicht.«

»Oder auf die Bearbeitung von Metall?«

»Auf keinen Fall.«

»Oder auf die Bearbeitung von Wolle, Holz oder von anderem dergleichen?«

»Auch nicht.«

»Also bleiben wir nicht bei unserer Behauptung«, sagte ich, »glücklich leben bedeute sachverständig leben. Denn von diesen, die doch sachverständig leben, gibst du ja nicht zu, daß sie auch glücklich sind. Vielmehr scheinst du den, der in bestimmten Hinsichten sachverständig lebt, als glücklich auszusondern. Und vielleicht meinst du ja den von mir eben erwähnten Seher, der alles Zukünftige weiß. [174] Meinst du diesen oder einen anderen?«

»Diesen«, sagte er, »aber auch einen anderen.«

»Wen denn?« fragte ich. »Doch nicht etwa denjenigen, der außer dem Zukünftigen auch alles Vergangene und Gegenwärtige weiß und der nichts nicht weiß? Nehmen wir ruhig einmal an, es gäbe einen solchen Menschen. Du wirst, glaube ich, nicht behaupten, daß jemand noch sachverständiger als dieser leben könne.«

»Nein, sicher nicht.«

»Das möchte ich aber noch gerne hören, welches Wissen ihn denn nun glücklich macht. Oder macht dies etwa jedes Wissen in gleicher Weise?«

»Nein, keineswegs in gleicher Weise.«

---

* Nach Homer (Odyssee 19, 560–567) sind die einen Träume wahr, die anderen falsch. [Hrsg.]

[b] »Aber welches Wissen denn vor allem? Was weiß er mit Hilfe dieses Wissens aus dem Bereich des Gegenwärtigen, Vergangenen und Zukünftigen? Weiß er mit seiner Hilfe etwa, was zum Brettspiel gehört?«
»Ach was, Brettspiel!« sagte er.
»Oder zum Rechnen?«
»Auf keinen Fall.«
»Oder zum Gesunden?«
»Schon eher«, antwortete er.
»Aber was weiß er mit Hilfe des Wissens«, fragte ich, »das ich vor allem meine?«
»Es ist das Wissen«, sagte er, »mit dessen Hilfe er weiß, was gut und schlecht ist.«
»Du Witzbold!« rief ich. »Die ganze Zeit lang führst du mich in die Irre und verheimlichst mir, daß es nicht das schlechthin sachverständige Leben war, das Wohlergehen und Glück bewirkt, [c] auch nicht das Leben gemäß dem sonstigen Sachwissen insgesamt, sondern nur gemäß diesem einzigartigen Wissen von dem, was gut und schlecht ist. Denn trenne dieses Wissen einmal vom sonstigen Wissen ab, Kritias. Wird uns dann die Medizin in einem geringeren Ausmaß gesund machen, das Schuhmacherhandwerk Schuhe herstellen und die Webkunst Kleidung, die Steuermannskunst das Sterben auf dem Meer verhindern und das Können der Generäle den Tod in der Schlacht?«
»Das werden sie in keinem geringeren Ausmaß tun«, sagte er.
»Allerdings, lieber Kritias, wird uns mit dem Fehlen dieses Wissens ausbleiben, daß dieses alles gut und zu unserem Nutzen geschieht.«

## 3.2 Das Glück der reinen Theorie

A

*Aristoteles:* Metaphysik

*(I 1.)* Die Prinzipien *(archaí)* und Ursachen *(aítia)* des Seienden, und zwar insofern es Seiendes ist, sind der Gegenstand der Untersuchung. – Es gibt nämlich eine Ursache der Gesundheit und des Wohlbefindens, und von den mathematischen Dingen gibt es Prinzipien und Elemente und Ursachen, und überhaupt handelt jede auf Denken gegründete oder mit Denken verbundene Wissenschaft *(epistémē dianoētiké)* von Ursachen und Prinzipien in mehr oder weniger strengem Sinne des Wortes. *(2. a)* Aber alle diese Wissenschaften handeln nur von einem bestimmten Seienden und beschäftigen sich mit einer einzelnen Gattung, deren Grenzen sie sich umschrieben haben, aber nicht mit dem Seienden schlechthin *(òn haplôs)* und insofern es Seiendes ist, *(b)* und geben über das Was keine Rechenschaft, sondern von ihm ausgehend, indem sie es entweder durch Anschauung *(aísthēsis)* verdeutlichen oder dasselbe, das Was, als Voraussetzung *(hypóthesis)* annehmen, erweisen sie dann mit mehr oder weniger strenger Notwendigkeit dasjenige, was der Gattung, mit der sie sich beschäftigen, an sich zukommt. Offenbar also ergibt sich aus einer solchen Induktion kein Beweis der Wesenheit und des Was, sondern nur eine andere Art der Verdeutlichung. *(c)* Und ebenso reden sie auch davon nicht, ob der Gegenstand, von dem sie handeln, *ist* oder nicht *ist,* weil es demselben Denken angehört zu bestimmen, was etwas ist und ob es ist.

*(II 1. a)* Von der Physik, welche ebenfalls eine Gattung des Seienden behandelt – nämlich diejenige Wesenheit, welche das Prinzip der Bewegung und der Ruhe in sich selber hat – ist offenbar, daß sie weder auf ein Handeln noch auf ein Hervorbringen geht *(oúte praktiké estin oúte poiētiké epistémē)*. Denn bei den auf das Hervorbringen gerichteten Wissenschaften ist das Prinzip in dem Hervorbringenden, sei es Vernunft *(noûs)* oder Kunst *(téchnē)* oder irgendein Vermögen, das Prinzip aber der Wissenschaften, welche auf das Handeln gehen, ist in dem Handelnden der Entschluß; denn dasselbe ist Gegenstand der Handlung und des Entschlusses *(prohaíresis)*. Wenn also jedes Denkverfahren entweder auf ein Handeln oder auf ein Hervorbringen geht oder betrachtend *(theōrētiké)* ist, so muß hiernach die Physik betrachtend sein, aber in Beziehung auf ein solches Seiendes, welches bewegt werden kann, und auf eine Wesenheit, welche zwar überwiegend durch den Begriff bestimmt ist, aber nur nicht selbständig trennbar *(chōristé)* ist. *(b)* Hierbei darf nun nicht verborgen bleiben, wie es sich mit dem Wesenswas und dem Begriff verhält, da ohne dies untersuchen nichts tun hieße. Nun verhält sich von dem begrifflich Bestimmten und dem Was einiges wie das Scheele, anderes wie das Schiefe. Dies unterscheidet sich aber darin, daß in dem Scheelen die Materie mit eingeschlossen ist; denn das Scheele ist ein schiefes Auge, die Schiefheit aber besteht ohne sinnlich wahrnehmbaren Stoff. Wenn nun alles Physische *(physiká)* in dem Sinne gemeint ist wie das Scheele, z. B. Nase, Auge, Gesicht, Fleisch, Knochen, überhaupt Tier, Blatt, Wurzel, Rinde, überhaupt Pflanze (bei keinem unter diesen nämlich besteht der Begriff abgesehen von der Bewegung, sondern dies alles hat immer einen Stoff), so ergibt sich hieraus, wie man in der Physik das Was suchen und bestimmen muß und weshalb auch die Betrachtung der Seele zum Teil Gegenstand der Physik ist, insoweit sie nämlich nicht ohne den Stoff besteht.

*(2.)* Daß also die Physik eine betrachtende Wissenschaft ist, ist hieraus offenbar. Aber auch die Mathematik ist eine betrachtende Wissenschaft. Ob ihr Gegenstand das Unbewegliche *(akínēta)* und Trennbare *(chōristá)* ist, bleibt für jetzt unentschieden, doch so viel ist klar, daß sie einiges Mathematische betrachtet, *insofern* es unbeweglich und *insofern* es selbständig trennbar ist.

*(3.)* Gibt es aber etwas Ewiges, Unbewegliches, Trennbares, so muß offenbar dessen Erkenntnis einer betrachtenden Wissenschaft angehören. Aber der Physik gehört es nicht an, da diese von Bewegbarem handelt, und auch nicht der Mathematik, sondern einer beiden vorausgehenden Wissenschaft. Denn die Physik handelt von untrennbaren, aber nicht unbeweglichen Dingen, einiges zur Mathematik gehörende betrifft Unbewegliches, das aber nicht trennbar ist, sondern an einem Stoff befindlich; die erste Philosophie aber handelt von dem, was sowohl trennbar wie unbeweglich ist. *(III 1.)* Nun müssen notwendig alle Ursachen ewig sein, vor allen aber diese, denn sie sind die Ursachen des Sichtbaren von den göttlichen Dingen *(phanerà tôn theiōn)*.

Hiernach würde es also drei betrachtende philosophische Wissenschaften geben: Mathematik, Physik, Theologie *(theologiké)*. Denn unzweifelhaft ist, daß, wenn sich irgendwo ein Göttliches findet, es sich in einer solchen Wesenheit findet und die würdigste Wissenschaft die würdigste Gattung des Seienden zum Gegenstande haben muß. Nun haben die betrachtenden Wissenschaften den Vorzug vor den anderen, und diese wieder unter den betrachtenden.

65 *(2.)* Man könnte nämlich fragen, ob die erste Philosophie allgemein *(kathólou)* ist oder auf eine einzelne Gattung und eine einzelne Wesenheit geht. Auch in den mathematischen Wissenschaften findet ja eine verschiedene Weise statt, indem Geometrie und Astronomie von einer einzelnen Wesenheit handelt, die allgemeine Mathematik aber alle gemeinsam umfaßt. Gibt es nun neben den natürlich bestehen-
70 den Wesenheiten keine anderen, so würde die Physik die erste Wissenschaft sein; gibt es aber eine unbewegliche Wesenheit *(ousía akínētos)*, so ist diese die frühere und die sie behandelnde Philosophie die erste und allgemeine, insofern als sie die erste ist, und ihr würde es zukommen, das Seiende, insofern es Seiendes ist, zu betrachten, sowohl sein Was als auch das ihm als Seiendem zukommende.


B

*Aristoteles:* Nikomachische Ethik

Daß aber das vollkommene Glück ein Leben der aktiven geistigen Schau ist, wird auch von folgender Überlegung her deutlich: wir stellen uns vor, daß die Götter im höchsten Sinn selig und glücklich sind. Nun, welche Art von Handlungen haben wir ihnen beizulegen? Etwa Akte der Gerechtigkeit? Wird es nicht ein lächerliches Bild
5 ergeben: die Götter bei Handelsgeschäften, bei der Rückgabe von hinterlegtem Gut und so weiter? Oder Akte der Tapferkeit, Aushalten in Gefahr und Wagnis um des Ruhmes willen? Oder Akte der Großzügigkeit? Wem sollten sie denn etwas schenken? Ein unmöglicher Gedanke, daß die Götter Geld oder dergleichen in Händen haben. Und wie sollten wir uns bei ihnen Akte der Besonnenheit vorstel-
10 len? Wäre es nicht geschmacklos sie zu preisen, wo sie doch keine schlechten Begierden haben? Und wenn wir alles der Reihe nach durchgehen, so zeigt sich, daß Detail-Vorstellungen von einem Handeln der Götter kleinlich und ihrer unwürdig sind. Und doch ist es eine allgemeine Annahme, daß die Götter leben und folglich auch daß sie wirken. Denn man kann sich nicht denken, daß sie schlafen wie Endy-
15 mion. Wenn man nun aber einem lebenden Wesen das Handeln und mehr noch das Hervorbringen nimmt, was bleibt dann anderes übrig als die reine Schau? So muß denn das Wirken der Gottheit, ausgezeichnet durch höchste Seligkeit, ein reines Schauen sein. Und folglich hat jenes menschliche Tun, das dem Wirken der Gottheit am nächsten kommt, am meisten vom Wesen des Glücks in sich.
20 Ein deutliches Zeichen dafür ist auch die Tatsache, daß die übrigen Lebewesen keinen Anteil am Glück haben, indem ihnen ein Wirken solcher Art völlig versagt ist. Denn während für die Götter das ganze Leben einen Zustand der Seligkeit bedeutet und für die Menschen, soweit ihnen ein gewisser Abglanz solch erhabenen Wirkens gegeben ist, kann von den anderen Lebewesen keines glücklich sein, da sie
25 in keiner Weise an geistiger Schau teilhaben. Wie umfassend sich also die geistige Schau entfaltet, so weit auch das Glück, und je eindringlicher der Akt des Schauens, desto tiefer ist das Glücklichsein – ein Zustand, der nicht den Charakter eines Begleitumstandes hat, sondern auf der Schau (unmittelbar) beruht, denn diese trägt ihren Wert und ihre Würde in sich. Wir dürfen also das Glück als ein geistiges
30 Schauen bezeichnen.

Es wird aber auch die Gunst der äußeren Umstände vonnöten sein, da wir Menschen sind. Denn unsere Natur ist für sich allein nicht ausreichend, die geistige Schau zu verwirklichen. Es ist auch Gesundheit des Leibes vonnöten sowie Nahrung und sonstige Pflege. Indes braucht man sich nicht vorzustellen, daß ein beträchtlicher Aufwand erforderlich ist um glücklich zu werden, wenn es schon nicht möglich ist, ohne die äußeren Güter das Glück zu erreichen. Denn nicht ein Übermaß ist für allseitige Unabhängigkeit und für das Handeln vorausgesetzt, im Gegenteil: auch ohne Herrschaft über Land und Meer ist edles Handeln möglich; auch von einer maßvollen Grundlage aus kann man wertvoll handeln. Man kann dies deutlich beobachten, denn bekanntlich handelt der einfache Bürger nicht minder rechtlich als der Machthaber: er übertrifft ihn sogar. Und es genügt, wenn das Äußere in dem bezeichneten Umfang zu Gebote steht, denn das Leben des Mannes, der wertvoll handelt, wird glücklich sein.

## 3.3 Wissenschaft als Beruf

*Max Weber:* Wissenschaft als Beruf

[ . . . ]

Welches aber ist die innere Stellung des Mannes der Wissenschaft selbst zu seinem Beruf? – wenn er nämlich nach einer solchen überhaupt sucht. Er behauptet: die Wissenschaft »um ihrer selbst willen« und nicht nur dazu zu betreiben, weil andere damit geschäftliche oder technische Erfolge herbeiführen, sich besser nähren, kleiden, beleuchten, regieren können. Was glaubt er denn aber Sinnvolles damit, mit diesen stets zum Veralten bestimmten Schöpfungen, zu leisten, damit also, daß er sich in diesen fachgeteilten, ins Unendliche laufenden Betrieb einspannen läßt? Das erfordert einige allgemeine Erwägungen.
Der wissenschaftliche Fortschritt ist ein Bruchteil, und zwar der wichtigste Bruchteil jenes Intellektualisierungsprozesses, dem wir seit Jahrtausenden unterliegen, und zu dem heute üblicherweise in so außerordentlich negativer Art Stellung genommen wird.
Machen wir uns zunächst klar, was denn eigentlich diese intellektualistische Rationalisierung durch Wissenschaft und wissenschaftlich orientierte Technik praktisch bedeutet. Etwa, daß wir heute, jeder z. B., der hier im Saale sitzt, eine größere Kenntnis der Lebensbedingungen hat, unter denen er existiert, als ein Indianer oder ein Hottentotte? Schwerlich. Wer von uns auf der Straßenbahn fährt, hat – wenn er nicht Fachphysiker ist – keine Ahnung, wie sie das macht, sich in Bewegung zu setzen. Er braucht auch nichts davon zu wissen. Es genügt ihm, daß er auf das Verhalten des Straßenbahnwagens »rechnen« kann, er orientiert sein Verhalten daran; aber wie man eine Trambahn so herstellt, daß sie sich bewegt, davon weiß er nichts. Der Wilde weiß das von seinen Werkzeugen ungleich besser. Wenn wir heute Geld ausgeben, so wette ich, daß, sogar wenn nationalökonomische Fachkollegen im Saale sind, fast jeder eine andere Antwort bereit halten wird auf die Frage: Wie macht das Geld es, daß man dafür etwas – bald viel, bald weniger – kaufen kann?

Wie der Wilde es macht, um zu seiner täglichen Nahrung zu kommen, und welche Institutionen ihm dabei dienen, das weiß er. Die zunehmende Intellektualisierung und Rationalisierung bedeutet also nicht eine zunehmende allgemeine Kenntnis der Lebensbedingungen, unter denen man steht. Sondern sie bedeutet etwas anderes: das Wissen davon oder den Glauben daran: daß man, wenn man nur wollte, es jederzeit erfahren könnte, daß es also prinzipiell keine geheimnisvollen unberechenbaren Mächte gebe, die da hineinspielen, daß man vielmehr alle Dinge – im Prinzip – durch Berechnen beherrschen könne. Das aber bedeutet: die Entzauberung der Welt. Nicht mehr, wie der Wilde, für den es solche Mächte gab, muß man zu magischen Mitteln greifen, um die Geister zu beherrschen oder zu erbitten. Sondern technische Mittel und Berechnung leisten das. Dies vor allem bedeutet die Intellektualisierung als solche.

Hat denn aber nun dieser in der okzidentalen Kultur durch Jahrtausende fortgesetzte Entzauberungsprozeß und überhaupt: dieser »Fortschritt«, dem die Wissenschaft als Glied und Triebkraft mit angehört, irgendeinen über dies rein Praktische und Technische hinausgehenden Sinn? Aufgeworfen finden Sie diese Frage am prinzipiellsten in den Werken Leo Tolstojs. Auf einem eigentümlichen Wege kam er dazu. Das ganze Problem seines Grübelns drehte sich zunehmend um die Frage: ob der Tod eine sinnvolle Erscheinung sei oder nicht. Und die Antwort lautet bei ihm: für den Kulturmenschen – nein. Und zwar deshalb nicht, weil ja das zivilisierte, in den »Fortschritt«, in das Unendliche hineingestellte einzelne Leben seinem eigenen immanenten Sinn nach kein Ende haben dürfte. Denn es liegt ja immer noch ein weiterer Fortschritt vor dem, der darin steht; niemand, der stirbt, steht auf der Höhe, welche in der Unendlichkeit liegt. Abraham oder irgendein Bauer der alten Zeit starb »alt und lebensgesättigt«, weil er im organischen Kreislauf des Lebens stand, weil sein Leben auch seinem Sinn nach ihm am Abend seiner Tage gebracht hatte, was es bieten konnte, weil für ihn keine Rätsel, die er zu lösen wünschte, übrigblieben und er deshalb »genug« daran haben konnte. Ein Kulturmensch aber, hineingestellt in die fortwährende Anreicherung der Zivilisation mit Gedanken, Wissen, Problemen, der kann »lebensmüde« werden, aber nicht: lebensgesättigt. Denn er erhascht von dem, was das Leben des Geistes stets neu gebiert, ja nur den winzigsten Teil, und immer nur etwas Vorläufiges, nichts Endgültiges, und deshalb ist der Tod für ihn eine sinnlose Begebenheit. Und weil der Tod sinnlos ist, ist es auch das Kulturleben als solches, welches ja eben durch seine sinnlose »Fortschrittlichkeit« den Tod zur Sinnlosigkeit stempelt. Überall in seinen späten Romanen findet sich dieser Gedanke als Grundton der Tolstojschen Kunst.

Wie stellt man sich dazu? Hat der »Fortschritt« als solcher einen erkennbaren, über das Technische hinausreichenden Sinn, so daß dadurch der Dienst an ihm ein sinnvoller Beruf würde? Die Frage muß aufgeworfen werden. Das ist nun aber nicht mehr nur die Frage des Berufs für die Wissenschaft, das Problem also: Was bedeutet die Wissenschaft als Beruf für den, der sich ihr hingibt, sondern schon die andere: Welches ist der Beruf der Wissenschaft innerhalb des Gesamtlebens der Menschheit? und welches ihr Wert?

[ . . . ]

Was leistet denn nun eigentlich die Wissenschaft Positives für das praktische und persönliche »Leben«? Und damit sind wir wieder bei dem Problem ihres »Berufs«.

Zunächst natürlich: Kenntnisse über die Technik, wie man das Leben, die äußeren Dinge sowohl wie das Handeln der Menschen, durch Berechnung beherrscht: – nun, das ist aber doch nur die Gemüsefrau des amerikanischen Knaben, werden Sie sagen\*. Ganz meine Meinung. Zweitens, was diese Gemüsefrau schon immerhin nicht tut: Methoden des Denkens, das Handwerkszeug und die Schulung dazu. Sie werden vielleicht sagen: nun, das ist nicht Gemüse, aber es ist auch nicht mehr als das Mittel, sich Gemüse zu verschaffen. Gut, lassen wir das heute dahingestellt. Aber damit ist die Leistung der Wissenschaft glücklicherweise auch noch nicht zu Ende, sondern wir sind in der Lage, Ihnen zu einem Dritten zu verhelfen: zur K l a r h e i t. Vorausgesetzt natürlich, daß wir sie selbst besitzen. Soweit dies der Fall ist, können wir Ihnen deutlich machen: man kann zu dem Wertproblem, um das es sich jeweils handelt – ich bitte Sie der Einfachheit halber an soziale Erscheinungen als Beispiel zu denken – praktisch die und die verschiedene Stellung einnehmen. Wenn man die und die Stellung einnimmt, so muß man nach den Erfahrungen der Wissenschaft die und die M i t t e l anwenden, um sie praktisch zur Durchführung zu bringen. Diese Mittel sind nun vielleicht schon an sich solche, die Sie ablehnen zu müssen glauben. Dann muß man zwischen dem Zweck und den unvermeidlichen Mitteln eben wählen. »Heiligt« der Zweck diese Mittel oder nicht? Der Lehrer kann die Notwendigkeit dieser Wahl vor Sie hinstellen, mehr kann er, solange er Lehrer bleiben und nicht Demagoge werden will, nicht. Er kann Ihnen ferner natürlich sagen: wenn Sie den und den Zweck wollen, dann müssen Sie die und die Nebenerfolge, die dann erfahrungsgemäß eintreten, mit in Kauf nehmen: wieder die gleiche Lage. Indessen das sind alles noch Probleme, wie sie für jeden Techniker auch entstehen können, der ja auch in zahlreichen Fällen nach dem Prinzip des kleineren Übels oder des relativ Besten sich entscheiden muß. Nur daß für ihn eins, die Hauptsache, gegeben zu sein pflegt: der Z w e c k. Aber eben dies ist nun für uns, sobald es sich um wirklich »letzte« Probleme handelt, n i c h t der Fall. Und damit erst gelangen wir zu der letzten Leistung, welche die Wissenschaft als solche im Dienste der Klarheit vollbringen kann, und zugleich zu ihren Grenzen: wir können – und sollen – Ihnen auch sagen: die und die praktische Stellungnahme läßt sich mit innerer Konsequenz und also: Ehrlichkeit ihrem Sinn nach ableiten aus der und der letzten weltanschauungsmäßigen Grundposition – es kann sein, aus nur einer, oder es können vielleicht verschiedene sein –, aber aus den und den anderen nicht. Ihr dient, bildlich geredet, d i e s e m G o t t und k r ä n k t j e n e n a n d e r e n, wenn Ihr Euch für diese Stellungnahme entschließt. Denn Ihr kommt notwendig zu diesen und diesen letzten inneren sinnhaften K o n s e q u e n z e n, wenn Ihr Euch treu bleibt. Das läßt sich, im Prinzip wenigstens, leisten. Die Fachdisziplin der Philosophie und die dem Wesen nach philosophischen prinzipiellen Erörterungen der Einzeldisziplinen versuchen das zu leisten. Wir können so, wenn wir unsere Sache verstehen (was hier einmal vorausgesetzt werden muß), den Einzelnen nötigen, oder wenigstens ihm dabei helfen, sich selbst R e c h e n s c h a f t zu geben über den letzten Sinn

---

\* Weber verweist auf seine vorangegangene Bemerkung zurück: »Der Lehrer, der ihm gegenübersteht, von dem hat er (der amerikanische Student; Hrsg.) die Vorstellung: er verkauft mir seine Kenntnisse und Methoden für meines Vaters Geld, ganz ebenso wie die Gemüsefrau meiner Mutter den Kohl. Damit fertig.« (S. 548)

seines eigenen Tuns. Es scheint mir das nicht so sehr wenig zu sein, auch für das rein persönliche Leben. Ich bin auch hier versucht, wenn einem Lehrer das gelingt, zu sagen: er stehe im Dienst »sittlicher« Mächte: der Pflicht, Klarheit und Verantwortungsgefühl zu schaffen, und ich glaube, er wird dieser Leistung um so eher fähig sein, je gewissenhafter er es vermeidet, seinerseits dem Zuhörer eine Stellungnahme aufoktroyieren oder ansuggerieren zu wollen.
[ . . . ]

## 3.4 Inwiefern auch wir noch fromm sind

*Friedrich Nietzsche:* Die fröhliche Wissenschaft

*Inwiefern auch wir noch fromm sind.* – In der Wissenschaft haben die Überzeugungen kein Bürgerrecht, so sagt man mit gutem Grunde: erst wenn sie sich entschließen, zur Bescheidenheit einer Hypothese, eines vorläufigen Versuchs-Standpunktes, einer regulativen Fiktion herabzusteigen, darf ihnen der Zutritt und sogar ein gewisser Wert innerhalb des Reichs der Erkenntnis zugestanden werden – immerhin mit der Beschränkung, unter polizeiliche Aufsicht gestellt zu bleiben, unter die Polizei des Mißtrauens. – Heißt das aber nicht, genauer besehen: erst wenn die Überzeugung *aufhört*, Überzeugung zu sein, darf sie Eintritt in die Wissenschaft erlangen? Finge nicht die Zucht des wissenschaftlichen Geistes damit an, sich keine Überzeugungen mehr zu gestatten? . . . So steht es wahrscheinlich: nur bleibt übrig zu fragen, ob nicht, *damit diese Zucht anfangen könne,* schon eine Überzeugung da sein müsse, und zwar eine so gebieterische und bedingungslose, daß sie alle andern Überzeugungen sich zum Opfer bringt. Man sieht, auch die Wissenschaft ruht auf einem Glauben, es gibt gar keine »voraussetzungslose« Wissenschaft. Die Frage, ob *Wahrheit* not tue, muß nicht nur schon vorher bejaht, sondern in dem Grade bejaht sein, daß der Satz, der Glaube, die Überzeugung darin zum Ausdruck kommt, »es tut *nichts mehr* not als Wahrheit, und im Verhältnis zu ihr hat alles Übrige nur einen Wert zweiten Rangs«. – Dieser unbedingte Wille zur Wahrheit: was ist er? Ist es der Wille, *sich nicht täuschen zu lassen?* Ist es der Wille, *nicht zu täuschen?* Nämlich auch auf diese letzte Weise könnte der Wille zur Wahrheit interpretiert werden: vorausgesetzt, daß man unter der Verallgemeinerung »ich will nicht täuschen« auch den einzelnen Fall »ich will *mich* nicht täuschen« einbegreift. Aber warum nicht täuschen? Aber warum nicht sich täuschen lassen? – Man bemerke, daß die Gründe für das erstere auf einem ganz andern Bereiche liegen als die für das zweite: man will sich nicht täuschen lassen, unter der Annahme, daß es schädlich, gefährlich, verhängnisvoll ist, getäuscht zu werden – in diesem Sinne wäre Wissenschaft eine lange Klugheit, eine Vorsicht, eine Nützlichkeit, gegen die man aber billigerweise einwenden dürfte: wie? ist wirklich das Sich-nicht-täuschen-lassen-wollen weniger schädlich, weniger gefährlich, weniger verhängnisvoll? Was wißt ihr von vornherein vom Charakter des Daseins, um entscheiden zu können, ob der größere Vorteil auf Seiten des Unbedingt-Mißtrauischen oder des Unbedingt-Zutraulichen ist? Falls aber beides nötig sein sollte, viel Zutrauen *und* viel Mißtrauen: woher dürfte dann die Wissenschaft ihren unbedingten Glauben, ihre Überzeugung nehmen, auf dem sie ruht, daß Wahrheit wichtiger sei als irgendein andres Ding, auch als jede andre Überzeugung? Eben diese Überzeugung könnte nicht entstanden sein, wenn Wahrheit *und* Unwahrheit sich beide fortwährend als nützlich bezeigten, wie es der Fall ist. Also – kann der Glaube an die Wissenschaft, der nun einmal unbestreitbar da ist, nicht aus einem solchen Nützlichkeits-Kalkül seinen Ursprung genommen haben, sondern vielmehr *trotzdem,* daß ihm die Unnützlichkeit und Gefährlichkeit des »Willens zur Wahrheit«, der »Wahrheit um jeden Preis« fortwährend bewiesen wird. »Um jeden Preis«: oh wir verstehen das gut genug, wenn wir erst einen Glauben nach dem andern auf diesem Altare dargebracht und abgeschlachtet haben! – Folglich bedeutet »Wille zur Wahrheit« *nicht* »ich will mich nicht täuschen lassen«, sondern – es bleibt keine Wahl – »ich will nicht täuschen, auch mich selbst nicht«: – *und hiermit sind wir auf dem Boden der Moral.* Denn man frage sich nur gründlich: »warum willst du nicht täuschen?« namentlich wenn es den Anschein haben sollte – und es hat den Anschein! – als wenn das Leben auf Anschein, ich meine auf Irrtum, Betrug, Verstellung, Blendung, Selbstverblendung angelegt wäre, und wenn andrerseits tatsächlich die große Form des Lebens sich immer auf der Seite der unbedenklichsten πολύτροποι gezeigt hat. Es könnte ein solcher Vorsatz vielleicht, mild ausgelegt, eine Don-Quixoterie, ein kleiner schwärmerischer Aberwitz sein; er könnte aber auch noch etwas Schlimmeres sein, nämlich ein lebensfeindliches zerstörerisches Prinzip . . . »Wille zur Wahrheit« – das könnte ein versteckter Wille zum Tode sein. – Dergestalt führt die Frage: warum Wissenschaft? zurück auf das moralische Problem: *wozu überhaupt Moral,* wenn Leben, Natur, Geschichte »unmoralisch« sind? Es ist kein Zweifel, der Wahrhaftige, in jenem verwegenen und letzten Sinne, wie ihn der Glaube an die Wissenschaft voraussetzt, *bejaht damit eine andre Welt* als die des Lebens, der Natur und der Geschichte; und insofern er diese »andre Welt« bejaht, wie? muß er nicht ebendamit ihr Gegenstück, diese Welt, *unsre* Welt – verneinen? . . . Doch man wird es begriffen haben, worauf ich hinaus will, nämlich daß es immer noch ein *metaphysischer Glaube* ist, auf dem unser Glaube an die Wissenschaft ruht – daß auch wir Erkennenden von heute, wir Gottlosen und Antimetaphysiker, auch *unser* Feuer noch von dem Brande nehmen, den ein jahrtausendealter Glaube entzündet hat, jener Christen-Glaube, der auch der Glaube Platos war, daß Gott die Wahrheit ist, daß die Wahrheit göttlich ist . . . Aber wie, wenn dies gerade immer mehr unglaubwürdig wird, wenn nichts sich mehr als göttlich erweist, es sei denn der Irrtum, die Blindheit, die Lüge – wenn Gott selbst sich als unsre längste Lüge erweist?

## 3.5 Wege zum Frieden mit der Natur

*Klaus Michael Meyer-Abich:* Wege zum Frieden mit der Natur
[...]
Der Kern meiner Kritik an der bisherigen Politik ist, daß wir uns gegenüber der natürlichen Mitwelt so verhalten, als ob wir keine Menschen wären. Denn Menschen dürfen sich nicht so verhalten, wie wir es tun. Ich umschreibe diesen Angelpunkt der gesamten weiteren Argumentation vorab, weil er von persönlichen Voraussetzungen abhängt, die mit zur Sache gehören. Wenn wir uns in der Natur so verhalten, wie es uns nicht zusteht, nämlich nicht menschlich, beruht die Umweltzerstörung sozusagen auf einem Mißverständnis, wer der Mensch ist. Dies beginnt schon beim Begriff ›Umwelt‹. Unsere Umwelt ist der menschliche Lebensraum im Kosmos. Wir aber verhalten uns in der Natur so, als sei der Rest der Welt nichts als für uns da. Alle Welt sei die unsere und unser Wille geschehe, sagt die Industriegesellschaft. Die ganze Welt ist dann bloß noch Umwelt des Menschen und sonst nichts. Wir stehen in der Mitte und alles andere steht um uns herum, mehr oder weniger griffbereit. Dies aber ist meines Erachtens eine ganz verfehlte Selbsteinschätzung, Überheblichkeit und Hybris.

Denn wir Menschen sind nicht das Maß aller Dinge. Die Menschheit ist mit den Tieren und Pflanzen, mit Erde, Wasser, Luft und Feuer aus der Naturgeschichte hervorgegangen als eine unter Millionen Gattungen am Baum des Lebens insgesamt. Sie alle und die Elemente der Natur gehören zu der Welt um uns und so auch zu unserer Umwelt, aber eigentlich sind sie nicht nur *um* uns, sondern *mit* uns. Unsere natürliche *Mitwelt* ist alles, was von Natur aus mit uns Menschen in der Welt ist. Um dies zu betonen, spreche ich von unserer Mitwelt statt von unserer Umwelt.

In der Industriegesellschaft aber schnurrt die natürliche Mitwelt zur Umwelt des Menschen zusammen – so als sei sie ohne jeden Eigenwert und immer nur soviel wert, wie sie *uns* wert ist.
[...]
Der weiteren Arbeit an einer in sich stimmigen Rechtsordnung für eine legitime Anthropokratie im Naturzusammenhang des menschlichen Lebens könnte ... als eine Zusammenfassung des bisher Gesagten etwa die folgende Charta oder Erklärung der Rechte der Natur vorangestellt werden.

1. Menschen, Tiere, Pflanzen und die Elemente sind naturgeschichtlich verwandt und bilden eine Rechtsgemeinschaft der Natur. In ihr verbinden sich die Ordnung der Natur und die des Menschenrechts.
2. Der Mensch vermag die Natur, zu der er selbst gehört, in besonderem Maß zu erkennen und zu verändern. Dadurch fällt ihm eine besondere Verantwortung zu, das Interesse des Ganzen stellvertretend zu wahren.
3. Tiere, Pflanzen und die Elemente sind unsere natürliche Mitwelt. Auf sie ist in unserem Handeln um ihrer selbst willen (in ihrem Eigenwert) und nicht nur um unseretwillen Rücksicht zu nehmen.
4. Die Naturabsicht in der Menschengeschichte ist auf eine verfassungsmäßige Ordnung der natürlichen Rechtsgemeinschaft gerichtet. Der Eigenwert der natürlichen Mitwelt wird durch die Menschheit in Gestalt von Rechten zum Ausdruck gebracht.

5. Die Rechte der natürlichen Mitwelt werden von Menschen stellvertretend wahrgenommen und durch Gesetze zuerkannt. Diese sollen sich an den folgenden Grundsätzen orientieren:
6. Alle Rechte in der natürlichen Rechtsgemeinschaft bemessen sich nach dem Gleichheitsprinzip, daß zweierlei gemäß seiner Gleichheit gleich und gemäß seiner Verschiedenheit verschieden behandelt werden soll.
7. Fundamentale Gleichheiten, an denen sich in der natürlichen Rechtsgemeinschaft Rechte bemessen, sind die der Empfindungsfähigkeit und der Interessiertheit (Interessen zu haben).
8. Die spezifischen Lebensinteressen in der natürlichen Mitwelt werden unsererseits geachtet wie unsere eigenen. Die natürlichen Nahrungsketten sind Ausdruck spezifischer Lebensinteressen.
9. Menschliche Interessen sind nicht nur untereinander, sondern gegen die der natürlichen Mitwelt abzuwägen. Interessen sind immer Interessen *von x an y* und dementsprechend zweistellig zu gewichten.
10. Menschlichen Interessen darf nur jenseits der spezifischen Lebensinteressen der Vorzug gegeben werden. Soweit dies geschieht, ist die betroffene Mitwelt selbst entsprechend zu entschädigen.

[ . . . ]

Wer ist dafür verantwortlich zu machen, wenn eine wissenschaftliche Entdeckung in der industriellen Wirtschaft oder in der Waffentechnik unerwünschte Folgen hat? Der Wissenschaftler kann die Verantwortung zunächst einmal dem Techniker zuschieben, der ja die betreffenden Anwendungen der in der Wissenschaft nur um der theoretischen Wahrheit willen gesuchten Erkenntnis nicht hätte zu entwickeln brauchen. Der Techniker aber kann wiederum sagen, daß die Entwicklung der Technik dem gesellschaftlichen, insbesondere dem ökonomischen Interesse folge, so wie es in seinem Arbeitsfeld geltend gemacht werde, und daß er unter den gegebenen Bedingungen nicht anders hätte handeln können.

Geht es nun z. B. um eine industriewirtschaftliche Anwendung, so wird der zuständige Vertreter des ökonomischen Interesses das Argument des Technikers wohl zugeben und sich der Verantwortung nicht entziehen können. Er mag aber seinerseits geltend machen, man dürfe nicht von einer einzelnen Wirtschaftseinheit verlangen, daß sie sich systemwidrig verhalte – es handele sich also letztlich um ein politisches Problem. So ergibt es sich, ohne den Umweg über die Ökonomie, auch bei waffentechnischen Entwicklungen.

Nun blicken sie alle auf den Politiker. Der aber kann sich darauf berufen, daß er unter den Bedingungen der internationalen Auseinandersetzung zu entscheiden habe, in der kein Subjekt einer zentralen Verantwortung angerufen werden könne, im übrigen aber den Vorwurf auch zurückgeben und sagen: Was bleibt mir denn noch zu ändern, nachdem ihr alle bereits das getan habt, was ihr getan habt? Dann wenden sich die Köpfe, und zuletzt blicken sie alle wieder auf den Wissenschaftler, womit die erste Runde beendet wäre.

Zwischen der wissenschaftlichen Grundlagenforschung und den industriegesellschaftlichen Anwendungen besteht also ein kontinuierlicher Übergang. Zwar kommt es nicht in jedem Fall zu Anwendungen, aber diese sind auch niemals grundsätzlich auszuschließen. Denn jede wissenschaftliche Erkenntnis zeigt, wie etwas hervorgebracht werden kann, und wenn eine neue Möglichkeit, etwas hervorzubringen, einmal in der Welt ist, kann sie nicht mehr aus der Welt geschafft werden. Zwischen dem ersten Schritt in der Wissenschaft und den gesellschaftlichen Folgewirkungen liegt dann nur noch ein fließender Übergang etwa so wie in der Aristotelischen Antwort auf die Frage, von wann an es für einen Kranken die Möglichkeit gibt, wieder gesund zu werden (Metaphysik IX. 7).

Kann er wieder gesund werden, wenn seine Krankheit nach dem Stand der Medizin prinzipiell heilbar ist? Dies würde ihm vielleicht nicht helfen, wenn er gerade irgendwo im Urwald krank wird. Kann er also erst dann wieder gesund werden, wenn es in seiner Nähe einen entsprechend ausgebildeten Arzt gibt? Dieser Arzt könnte ja auch selber krank und somit zur Hilfe gar nicht in der Lage sein. Kann er also wieder gesund werden, nachdem der Arzt sich zu ihm auf den Weg gemacht hat? Er könnte unterwegs immer noch einen Unfall haben. Besteht die Möglichkeit, wieder gesund zu werden, also dann, wenn der Arzt das Krankenzimmer betritt und alle notwendigen Instrumente und Medikamente bei sich hat? Auch jetzt könnte die Heilung z. B. noch durch ein Erdbeben verhindert werden. Von wann an also existiert die Möglichkeit, daß der Patient wieder gesund wird?

Die Möglichkeit besteht offenbar von Anfang an oder gar nicht und verdichtet sich im Lauf der Zeit. Dasselbe gilt für die Wissenschaft im Verhältnis zu ihren ›Anwendungen‹. Es gibt keine bestimmte Stelle, an der die Wissenschaft als Grundlagenforschung aufhört und als angewandte Forschung erneut begonnen wird. Besonders deutlich kann man sich dies zur Zeit an der biotechnologischen DNA-Rekombinationsforschung vor Augen führen. Grundlagenforschung heißt letztlich nur derjenige Bereich, in dem die Wissenschaftler sich für die Folgen ihrer Arbeit noch nicht interessieren *wollen*. Zur Begründung heißt es in der Regel, die Folgen seien nicht absehbar, was auch zutrifft. Wenn die Folgen einer Tätigkeit nicht absehbar sind, ist es jedoch normalerweise nicht selbstverständlich, darin dennoch unbekümmert fortzufahren.

[ . . . ]

Die modernen Geistes- und Sozialwissenschaften sind erst in der zweiten Hälfte des 18. Jahrhunderts entstanden, ein bis zwei Jahrhunderte nach den Naturwissenschaften. Der Philosoph Wilhelm Dilthey beschrieb die Arbeitsteilung zwischen den beiden Wissenschaftsgruppen zu Anfang unseres Jahrhunderts so, daß in den Naturwissenschaften

»der Mensch sich selbst ausschaltet, um aus seinen Eindrücken diesen großen Gegenstand Natur als eine Ordnung nach Gesetzen zu konstruieren. Sie wird dann dem Menschen zum Zentrum der Wirklichkeit. Aber derselbe Mensch wendet sich dann von ihr rückwärts zum Leben, zu sich selbst. Dieser Rückgang des Menschen in das Erlebnis, durch welches für ihn erst die Natur da ist, in das Leben, in dem allein Bedeutung, Wert und Zweck auftritt, ist die andere große Tendenz, welche die wissenschaftliche Arbeit bestimmt. Ein zweites Zentrum entsteht« (VII, 83).

Dieses zweite Zentrum ist das der Geisteswissenschaften. Darum kreisen, wie Ortega sagte, die Caballeros del Espiritu, die »Ritter des Geistes« (Abschnitt 4.3). Dem Naturwissenschaftler erschienen diese Geisteswissenschaftler (wie in Ostwalds Gegenüberstellung von Naturwissenschaften und Papierwissenschaften) als diejenigen, die »Notizen . . . sammeln von dem, was Andere schon über denselben

Gegenstand gefunden haben« (Helmholtz 1869, 184)*. Wieweit es sich empfiehlt, das Leben gerade in der Abwendung von der Natur zu suchen, ist heute auch sonst problematisch geworden.

Die Trennung von Natur- und Geisteswissenschaften entspricht einer unnatürlichen Erfahrung des Menschen und einer unmenschlichen Erfahrung der Natur. Natur und Gesellschaft stehen einander unvermittelt gegenüber. Die Naturwissenschaften verstehen zwar mehr von der Natur, als die Menschheit je von der Natur gewußt hat, aber sie sind blind für die Triebkräfte der Gesellschaft. Die Geistes- und Sozialwissenschaften wiederum verstehen zwar etwas von diesen Triebkräften, aber sie sind blind für die Natur.

[ . . . ] .

Der blinde Fleck des heutigen Wissenschaftssystems liegt also nicht in den einzelnen Natur- und Sozialwissenschaften, sondern in der Art ihrer Gesamtorganisation und Verbindung. Wenn dies aber so ist, fehlt es sozusagen nur an der richtigen ›Farbenlehre‹, um aus der Spektralzerlegung durch die vielen Wissenschaften eine zusammenhängende Wahrnehmung zu bilden. Das System der Wissenschaften müßte so verändert werden, daß eine solche ›Farbenlehre‹ ihm in Zukunft diejenige Einheit gibt, in der Natur und Gesellschaft gemeinsam wahrgenommen werden.

Die vielen Einzelwissenschaften, die heute in einen neuen, nichtcartesischen Zusammenhang gestellt werden sollten, sind historisch fast durchweg aus der Philosophie hervorgegangen. Die ursprünglichen Fakultäten waren ja die theologische, die juristische, die medizinische und die philosophische, wobei der letzteren alles zugewiesen wurde, was nicht Theologie, Jura oder Medizin war. Insbesondere gehörten an unseren Universitäten sowohl die Naturwissenschaften als auch die Geistes- und Sozialwissenschaften noch bis zur Mitte dieses Jahrhunderts in der Regel gemeinsam zur Philosophischen Fakultät.

Die beiden Wissenschaftsgruppen haben also in der Philosophie, welche dieser Fakultät den Namen gegeben hat, eine geistesgeschichtliche Einheit, so daß die Philosophie sich heute auch in besonderem Maß dazu aufgerufen fühlen sollte, ihren Beitrag zur Vergegenwärtigung dieser Einheit in der Umweltkrise zu leisten.

---

*Aus: Helmholtz, Hermann von: Über das Ziel und die Fortschritte der Naturwissenschaft – Eröffnungsrede für die Naturforscherversammlung zu Innsbruck (1869). In: H. von Helmholtz: Populäre wissenschaftliche Vorträge. 2. Heft. Braunschweig 1871, S. 181-211. [Anm. des Hrsg.]

## 3.6 Wissenschaft und Menschheitskrise

*Carl Friedrich von Weizsäcker:* Wissenschaft und Menschheitskrise*

Vor zehn Jahren war eine Reihe von Autoren aufgefordert, ihre Mutmaßungen über die bevorstehenden Siebzigerjahre niederzuschreiben. Mir fiel das Thema der Wissenschaft zu.** Bemüht um unterscheidende Sorgfalt ging ich die Wissenschaftsgebiete durch. Im heutigen Rückblick scheint es, daß sich die immanenten Tendenzen des soziokulturellen Systems »Wissenschaft« seitdem kaum geändert haben. Am Modell der Strukturwissenschaften (Mathematik . . .) präzisiert sich der herrschende, durch Entscheidbarkeit der Fragen charakterisierte Wissenschaftsbegriff. Die Naturwissenschaft strebt gedanklicher Einheit in der Physik zu; die Fülle ihrer Anwendungen verwandelt die Welt. Vielleicht die größten Fortschritte unter den Realwissenschaften macht die Biologie. Medizin, Psychologie, Anthropologie stehen in der ungelösten Spannung zwischen der strömenden Fruchtbarkeit des naturwissenschaftlichen Ansatzes und der überwiegenden, aber heute unerfüllten Wichtigkeit eines verstehenden Verhältnisses des Menschen zum Menschen. Die Gesellschaftswissenschaften, eine Großmacht im öffentlichen Bewußtsein, haben sich ihre Anerkennung in der Gelehrtenrepublik zum Teil noch zu verdienen. Die historischen Wissenschaften, unerläßlich, wenn wir die hinter unserem Rücken wirksame Macht unserer Herkunft, also wenn wir uns selbst und unsere Partner verstehen wollen, sind öffentlich in der Defensive. Die Theologie hat die Spannung zwischen der konservativen Überlieferung der revolutionärsten Wahrheit und der meist fortschrittskonformistischen Verarbeitung des modernen Bewußtseins nicht gelöst. Die Philosophie ist für uns Menschen wie eh und je zu schwer.

Die Leitfrage betraf aber die Zukunft der Menschheit unter dem Einfluß der Wissenschaft. Es sei erlaubt, drei damalige Sätze nochmals wörtlich zu zitieren. Ich habe 1969 geschrieben: »Trotz des Protests der heutigen intellektuellen Jugend, eines Protests um der Menschlichkeit willen, werden die Siebzigerjahre vermutlich ein technokratisches Zeitalter par excellence sein.« »Nicht der Verzicht auf wissenschaftliche Entdeckungen oder auf ihre Veröffentlichung (Dürrenmatts ›Physiker‹) ist die Lösung, sondern die Veränderung der politischen Weltordnung, die, so wie sie heute ist, einen Mißbrauch wissenschaftlicher Erkenntnisse nahezu erzwingt.« »Niemand weiß, ob die Siebzigerjahre nicht das letzte Jahrzehnt der vom europäisch-amerikanischen Kulturkreis dominierten Industriegesellschaft sein werden.« Hier spricht sich die Erwartung einer Menschheitskrise, vielleicht schon für die Achtzigerjahre, aus.

Die Achtzigerjahre haben begonnen. Die ersten Stöße des erwarteten Erdbebens haben uns erreicht. Seine noch verborgene Größe läßt sich heute nur am unsicheren Seismographen politischer Stimmungen abschätzen.

Die Nationen des atlantischen Bündnisses, wirtschaftlich noch immer die Herren

---

* DIE ZEIT, 10. Oktober 1980, dort unter dem Titel: »Die Wissenschaft ist noch nicht erwachsen.«
** Das 198. Jahrzehnt. Eine Team-Prognose für 1970 bis 1980. Marion Gräfin Dönhoff zu Ehren. Hamburg 1969. Mein Beitrag ist auch abgedruckt in: Die Einheit der Natur. München 1971

der Welt, taumeln durch seelische Identitätskrisen. In der Gegenwehr gegen ihre Ängste, mögen diese nun Arbeitslosigkeit, Inflation, Ölerpressung, Sowjetaggression, Kernenergie oder Terrorismus heißen, erzeugen sie mehr Probleme als sie lösen. Sie wissen weder sich mit ihrer Macht zu identifizieren noch sich von ihr zu trennen. Die führende Nation USA reagiert mit übergroßen Pendelausschlägen. Ihre Härte ist Unsicherheit, ihre Nachgiebigkeit schlechtes Gewissen.

Die Dritte Welt übernimmt unsere Technik, mißtraut unseren Werten, haßt unsere wirtschaftliche Herrschaft. Die steigenden Ölpreise zerstören ihre Wirtschaft rascher als die unsere. Zugleich haben Öl, Guerillastrategie, Waffenimport ihren Nationen in ungleicher Weise Macht gebracht. Nationale und moralische Selbstbesinnung uralter Kulturen gehen ein militantes Bündnis mit modernem Radikalismus ein, um unsere Dominanz als unerträglich zu denunzieren.

Die Sowjetunion, die seit Jahrzehnten eine konsequente und vorsichtige Machtpolitik betreibt, muß im kommenden Jahrzehnt fürchten, daß die Zeit nicht mehr für sie arbeitet. Ihre Wirtschaft ist, vermutlich aus systemimmanenten Gründen, in Stagnation, wenn nicht in unheilbarem Niedergang. Ihre ideologische Überzeugungskraft geht weltweit verloren. Die einzige Überlegenheit, die sie hat aufbauen können, die militärische, kann nach dem vermutlich nicht mehr revozierbaren Aufrüstungsentschluß Amerikas binnen zehn Jahren dahinschwinden, so daß die mit ihrer Hilfe zu erntenden politischen Früchte jetzt geerntet werden müssen.

So sieht eine gefahrenschwangere Weltlage aus, die gefährlichste seit dem Ende des Zweiten Weltkriegs. Der gegenwärtige Aufsatz aber hat nicht die politische Krisenerwartung zum Thema, sondern ihren kulturellen Hintergrund; und in ihm nur einen Aspekt, den der Wissenschaft. Trägt unsere wissenschaftsbestimmte Zivilisation die Schuld an der Krise?

Die Kriegsgefahr als solche ist keine Folge der modernen Zivilisation. Periodisch wiederkehrende hegemoniale Kriege im jeweils technisch erreichbaren größten Bereich waren die Signatur der meisten Geschichtsepochen seit Jahrtausenden. Aber die westliche Kultur hatte gehofft, sie werde endlich die Ursachen der Kriege überwinden, die wirtschaftlich-sozialen durch allgemeinen Wohlstand, die seelisch-irrationalen durch Aufklärung. Sie hat schließlich durch technische Anwendung der Wissenschaft Waffen geschaffen, die einzusetzen selbstmörderisch erscheinen muß. Aber die Atomwaffen werden immer mehr für begrenzte, umschriebene Einsätze spezialisiert. Die Logik der strategischen Entwicklung spricht dafür, daß solche Einsätze stattfinden werden. Wir erwachen heute aus dem Traum, daß nicht sein kann, was nicht sein darf; daß die erreichte Stufe der Rationalität uns schützt. Wo lag der Fehler?

Dieser Aufsatz versucht, drei Thesen wahrscheinlich zu machen:
1. Die jetzt anstehende Krise hat eine ihrer Ursachen in der neuzeitlichen Gestalt der Wissenschaft.
2. Weder der Verzicht auf Wissenschaft noch ihre unveränderte Fortführung kann diese Krisenursache überwinden.
3. Nötig wäre ein besseres Verständnis der kulturellen Rolle der Wissenschaft.

Für die beiden ersten Thesen seien zunächst naheliegende, wenngleich noch oberflächliche Argumente genannt. Zur ersten These:
Es liegt auf der Hand, daß die Krisen in den Völkern eine andere, begrenztere

Gestalt hätten, wenn nicht die Technologie des Verkehrs und der Produktion die Menschheit in ein schon weitgehend zusammenhängendes wirtschaftliches System gefügt, wenn nicht die Medizin die Weltbevölkerung zum vorerst unbeschränkten Wachstum gebracht, wenn nicht die Waffentechnologie die Welthegemonie zu einem vielleicht erreichbaren Ziel gemacht hätte. Zur zweiten These: Verzicht auf Wissenschaft ist heute noch eine leere, aussichtslose Phantasie. Ihre Verwirklichung würde zudem nicht die Technik stabilisieren, sondern sie würde das Verständnis für die Technik und damit deren Funktionsfähigkeit zum Erlahmen bringen; das aber würde, beim erreichten Zustand der Menschheit, eine weltweite Hungerkatastrophe bedeuten. Ein Hoffnungstraum hingegen war es eine Zeitlang, die Probleme der wissenschaftlich-technischen Welt durch mehr Wissenschaft zu lösen. Dazu mußte man die technische Weltveränderung technisch, die soziale Rolle der Wissenschaft sozialwissenschaftlich verstehen und verbessern. Die Hoffnung hierauf ist in den Siebzigerjahren rapide geschwunden. Die anfängliche Hoffnung war naiv, aber in ihr verbarg sich eine richtige Fragestellung. Die Wissenschaft hat eine künstliche Welt geschaffen. Sie hat immer mehr Bedingungen unseres Lebens, die einst naturgegeben waren, von unserer technischen Verfügung abhängig gemacht. Technik stellt Mittel zu Zwecken bereit. Wie kann man hoffen, eine künstliche Welt zu stabilisieren, wenn man die Wirkung (auch die unbeabsichtigten Nebenwirkungen) der Mittel und die Vernunft der möglichen Zwecke nicht versteht? Wir werden zur dritten These getrieben: Nötig wäre ein besseres Verständnis der kulturellen Rolle der Wissenschaft.

»Nötig wäre. . .«, das heißt zunächst: eine jetzt einsetzende Besinnung auf diese Rolle wird die schon begonnene politische Krise nicht mehr aufhalten. Ob ein früher und in breiter Front begonnenes Studium der Lebensbedingungen der wissenschaftlich-technischen Welt das vermocht hätte, läßt sich ebenfalls bezweifeln. Nach meinem Empfinden war es freilich eine moralische Pflicht der Wissenschaft, wenigstens diese Anstrengung zu machen. Diese Anstrengung hätte vielleicht eine Anzahl kluger und verantwortungsbewußter Menschen aus dem herrschenden Zustand der Verdrängung dieser Probleme in den Zustand der Verzweiflung an den Problemen gebracht. Und ohne den Durchgang durch die erfahrene Verzweiflung wird kein Schicksal gewendet.

Dieser Aufsatz stellt daher nicht die Frage, was zu tun wäre, um die Krise aufzufangen oder doch zu lindern. Diese kurzfristige Frage findet ihre Antwort im Felde praktischer Politik: behutsamer Außen- und Wirtschaftspolitik, rechtzeitiger Versorgungsplanung, maßvoller, aber entschlossener Schritte zum Bevölkerungsschutz. Dieser Aufsatz tritt einen Schritt von der Aktualität zurück. Er stellt eine Frage grundsätzlicher Besinnung. Wie hätten wir Wissenschaft treiben und beurteilen sollen, als dafür noch Zeit war? Wie sollte eine Menschheit, die die Krise überlebt, zur Wissenschaft stehen? Der Versuch einer Antwort soll nochmals in Thesen gegeben werden; es sind deren vier:

A. Der Grundwert der Wissenschaft ist die reine Erkenntnis.
B. Eben die Folgen der reinen Erkenntnis verändern unaufhaltsam die Welt.
C. Es gehört zur Verantwortung der Wissenschaft, diesen Zusammenhang von Erkenntnis und Weltveränderung zu erkennen.
D. Diese Erkenntnis würde den Begriff der Erkenntnis selbst verändern.

Der Leser verzeihe in einer so ernsten Sache den fast spielerischen Umgang mit den Begriffen »erkennen« und »verändern«; wer sich kurz ausdrücken muß, braucht diesen Abstraktionsgrad.

A. Der Grundwert der Wissenschaft ist die reine Erkenntnis. Dies beschreibt zunächst die Mentalität des geborenen Wissenschaftlers. Man kann das große Wort »Wahrheitssuche« verwenden. Man kann das Pathos herunterspielen und sagen, der Wissenschaftler habe das Privileg, seine kindliche Neugier ins erwachsene Leben hinüberzuretten und zum Beruf zu machen. Der Mathematiker Gauss sprach in einem Brief von der »unnennbaren Satisfaktion der wissenschaftlichen Arbeit«. Wer diesen Grundwert nicht respektiert, der zerstört die Wissenschaft und rettet die Welt nicht.

B. Eben die Folgen der reinen Erkenntnis verändern unaufhaltsam die Welt. Hier ist eine anthropologische Bemerkung am Platz. Die pragmatische Überlegenheit, welche die Menschen über alle Tiere und welche die Hochkulturen über die Primitiven gewonnen haben, beruht auf der weltverwandelnden Kraft des handlungsentlasteten Denkens. Im tierischen Verhaltensschema folgt auf den Reiz die angeborene oder erlernte Reaktion; dieser Ablauf ist ein Ganzes. Der Mensch hat in der Sprache ein symbolisches Handeln entwickelt. Reden ist ein Handeln, das anderes Handeln darstellt oder vertritt. Das symbolische Handeln des sprachlichen Denkens gestattet, den direkten Zusammenhang zwischen Reiz und Reaktion zu unterbrechen. Das Urteil, das »Sagen, was der Fall ist«, tritt dazwischen. Erst durch diese Unterbrechung tritt an die Stelle der automatischen Reaktion eine Aktion, ein gewolltes, als frei erlebtes Handeln. Urteil und Handeln, Verstand und Wille, ermöglichen einander, indem sie auseinandertreten. Ein Wille kann wollen, was ein Verstand denken kann. Deshalb erweitert eine Erweiterung des Denkbereichs automatisch den Bereich erfolgversprechenden Handelns. Und nicht die pragmatisch orientierten Gedanken sind letzten Endes die pragmatisch wirksamsten, denn sie dienen schon bekannten Zwecken in schon bekannten Situationen. Die neuen Horizonte des Handelns schließt das von allen vorgegebenen Handlungszielen entlastete Denken auf, eben die reine Wahrheitssuche. Vielleicht ist dies eine pragmatische Erklärung dafür, daß die unnennbare Satisfaktion der Wahrheitssuche sich in den Wirren der Jahrtausende immer wieder durchgesetzt hat.

C. Es gehört zur Verantwortung der Wissenschaft, diesen Zusammenhang von Erkennen und Weltveränderung zu erkennen. Dies nicht sehen zu wollen, ist die große Versuchung der Wissenschaft. Oft wirft man ihr zwar gerade das Gegenteil vor: die leichtfertig unternommene Weltveränderung. Daran ist auch etwas Wahres. Das neugierige Kind ist zugleich spielendes Kind. Technik und Wissenschaft verbinden sich leicht und natürlich in einem Gemüt: ein Verstand kann denken, was ein Wille wollen kann. Und der Wissenschaftler, der um sein soziales Privileg der Wahrheitssuche bangt, wird dem Geldgeber klarmachen, daß seine Erkenntnis die Welt verwandelt. An den optimistischen Aspekt dieser Weltverwandlung wird er auch selbst gerne glauben.

Aber wer gewachsene Lebenszusammenhänge verändert, zerstört auch Gewachsenes. Keine Operation ohne Schnitt. Kein Medikament ohne Nebenwirkungen. Kein Erwachsenwerden ohne Identitätskrise. Die Wissenschaft ist noch nicht erwachsen. Mit der aufdämmernden Einsicht in die durch die Wissenschaft ermöglichte

Menschheitskrise tritt die Wissenschaft selbst in ihre Identitätskrise ein. Wie meist in einer beginnenden Identitätskrise neigt sie, die Schuld zunächst bei anderen zu finden. Man spricht von Mißbrauch der Wissenschaft. Aber der heute geschehende Gebrauch der Wissenschaft ist der unter den bestehenden gesellschaftlichen Verhältnissen selbstverständliche Gebrauch. Die Wissenschaft ist verpflichtet, auch zu erkennen, wie die gesellschaftlichen Verhältnisse verändert werden müssen, wenn die Gesellschaft die durch die Wissenschaft ermöglichte Weltveränderung überleben soll.

Dieser Erkenntnis entziehen wir uns, weil ihr Weg uns zunächst in die Verzweiflung führt. Ein Beispiel genügt. Die Kriegsverhütung durch atomare Abschreckung konnte uns nie mehr als eine Gnadenfrist versprechen. Moderne Zerstörungskapazitäten sind langfristig mit einer politischen Weltordnung unvereinbar, in der es Regierungen politisch möglich und völkerrechtlich erlaubt ist, Krieg zu beginnen. Eine andere Weltordnung als diese ist aber nicht in Sicht. Ob sie jenseits der jetzt beginnenden Krise auf uns wartet, ist unserem heutigen Blick verborgen. Diese Lage ist zum Verzweifeln, seit Jahrzehnten. Aber es nützt uns nichts, all dies nicht zu denken. Gewußte Verantwortung darf sich nicht durch die Leichtfertigkeiten des Optimismus oder Pessimismus lähmen lassen: »es wird schon gut gehen« oder »man kann ja nichts machen«. Der Frosch, der ins Milchfaß fiel und strampelte, machte Butter und kam so heraus; sein nicht strampelnder Bruder erstickte. Frösche strampeln, Wissenschaftler denken. Deshalb ist es die erste Verantwortung des Wissenschaftlers, die Verflechtung von Erkenntnis und Weltveränderung zu erkennen. Auch der Ausweg in politischen Radikalismus kann hier eine Drückebergerei sein, denn der Radikale weiß ja meist die »Wahrheit« schon, er sucht sie nicht mehr.

D. Diese Erkenntnis mag, wie wirkliche Erkenntnis überhaupt, auch pragmatisch, politisch nützlich sein. Uns geht hier an, daß sie den Begriff der Erkenntnis selbst verändern wird. Erinnern wir uns noch einmal der eingangs zitierten immanenten Tendenzen der heutigen Wissenschaften. In ihnen ist der Erfolg dort am offensichtlichsten, wo Strukturen in entscheidbarer Weise erkannt werden, von der Mathematik bis zur Mikrobiologie. Umstritten ist das Verständnis des Menschen für den Menschen. Erkenntnis ist selbst eine Leistung des Menschen. Verstehen wir, was Erkenntnis ist?

Die linke Bewegung der späten Sechzigerjahre war eine zornig-optimistische Vorwegnahme der Menschheitskrise. Ihre geistigen Führer thematisierten die Frage nach der Erkenntnis in dem aristotelischen Begriffspaar von Theorie und Praxis. Sie sprachen vom moralischen Primat der Praxis und entlarvten die ideologische Funktion des Begriffs wertneutraler Theorie. Hiervon war soeben unter dem Titel »Verantwortung der Wissenschaft« die Rede. Wertneutralität des Denkens ist freilich ein hoher Wert, eine Selbstdisziplinierung. Die Fähigkeit, sich auch von den eigenen Wertsetzungen kritisch zu distanzieren, ist eine Disziplin der Horizonterweiterung, eine Voraussetzung intelligenter Nächstenliebe im faktischen Pluralismus unserer Welt. Legitime Wertneutralität ist aber nicht ein Anspruch der Wissenschaft, mit den Problemen der Welt in Ruhe gelassen zu werden; sie ist nicht das Ruhekissen des guten Gewissens.

Man darf hier an den aristotelischen Sinn von »Praxis« erinnern. Praxis meint nicht Techne: die Fähigkeit, gesetzte Zwecke zu verwirklichen. Praxis meint das handelnde Leben, das seinen Sinn in sich selbst trägt, das also auch selbst die Zwecke setzt. Theorie als reine Anschauung des höchsten Sinns ist für Aristoteles die höchste Praxis. Darin spiegelt sich die Ermöglichung des Handelns durch das Urteil. Etwas davon drückt sich im wissenschaftlichen Grundwert der Wahrheitssuche aus. Aber die moderne wissenschaftliche Wahrheitssuche ist eingeengt durch das so fruchtbare Prinzip der Entscheidbarkeit der Fragen. »Was suchen Sie im Lichtkegel dieser Straßenlaterne?« »Meinen Hausschlüssel.« »Haben Sie ihn hier verloren?« »Nein.« »Warum suchen Sie dann hier?« »Weil ich hier wenigstens etwas sehe.« Die lebenswichtigen Fragen sind nicht die am leichtesten entscheidbaren. Entscheidbare Theorie ist nicht Kontemplation des höchsten Sinns. Die Polarität von Verstand und Wille erreicht die Wahrheit nicht, um die es hier geht.

Der Mensch ist einer, wenngleich stets unvollkommenen, Wahrnehmung dessen fähig, worauf es für sein Leben ankommt. Diese Wahrnehmung ist nicht wertneutral; sie ist auch nicht durch den Willen zu erzeugen. Sie ist kein Werk des Urteils- und Handlungsvermögens. Man mag sie affektiv nennen. Sie ist liebend, manchmal auch hassend; sorgend, oft fürchtend; sie ist der Verzweiflung und der Beseligung fähig. In bescheidener Form geschieht sie jeden Tag, in unser aller Alltag. Ihre hohen Stufen aber sind dem Blick der modernen Rationalität entschwunden. Sie ist Wahrnehmung, also eine Weise der Erkenntnis. Ein Erkenntnisbegriff, der sie nicht umfaßt, ist zu eng. Die neuzeitliche europäische Kultur hat Erkenntnis als theoretische, als zweckrationale, als moralische Einsicht unterschieden. Theoretische Einsicht gipfelt im Turm der Wissenschaft, zweckrationale wächst in die Breite der Technik und der Wirtschaft, moralische umfaßt die Rationalität progressiver Politik, den Rechtsstaat, die Wahrheitssuche der freien öffentlichen Meinung, die soziale Gerechtigkeit. Keine dieser Pointierungen bietet der affektiven Wahrnehmung dessen, worauf es ankommt, eine Heimat. Eine solche Heimat war einst die Religion als Träger der Kultur. Sie wäre, so glaube ich, noch immer die einzige Heimat, wenn sie mit dem modernen Bewußtsein versöhnt werden könnte. Die Größe dieser Aufgabe aber wird, wo man sie überhaupt will, meist unterschätzt. Das moderne Bewußtsein müßte sich dazu nicht weniger radikal weiterentwickeln als die überlieferte Religion. Ein Thema für andere Betrachtungen als dieser Aufsatz.

Eine neuzeitliche Pointierung der affektiven Wahrnehmung findet sich in der Kunst. Kunst ist das Schaffen von Gestalten. Mathematik, das Paradigma der Wissenschaft, schafft intellektuelle Gestalten, »Strukturen«. Hier scheint sich Theorie als der engere, künstlerische Produktivität als der umfassendere Begriff anzubieten. Wissenschaftliche Kreativität ist in der Tat der künstlerischen verwandt.

Die Einschränkung der Wirklichkeit, auch des Erkenntnisbegriffs, auf die Willens- und Verstandeswelt schafft eine Verzerrung des Blicks und des Handelns, die sich heute mörderisch auswirkt. Die Krise dieser Verzerrung ist unausweichlich. Der Versuch, den Erkenntnisbegriff erkennend zu verändern, steht freilich unter dem Schatten der Einsicht, daß Philosophie für uns Menschen zu schwer ist. Aber wissenschaftliche Paradigmenwechsel sind nie ohne jene äußerste Anstrengung der Wahrheitssuche geglückt, die man eben Philosophie nennt.

# Informationen und Arbeitsvorschläge

Zunächst einige generelle Hinweise zur Textarbeit:

1. Überlegen Sie zuerst, was Sie von dem in den Überschriften angesprochenen Problem wissen oder was Sie selber darüber denken.
2. Den Text sorgfältig, möglichst mehrmals lesen.
3. Unklarheiten und erste kritische Einwände notieren.
4. Unbekannte Fremdwörter, Eigennamen und Fachtermini in Lexika nachschlagen oder gemeinsam klären. Ziehen Sie dazu auch den Informationsteil heran. (Die Bedeutung der Fachtermini ist jedoch oft auch aus dem Textzusammenhang zu erarbeiten.)
5. Fassen Sie die Hauptaussage des Textes kurz zusammen und überprüfen Sie Ihr Textverständnis im weiteren Arbeitsverlauf.
6. Kernstellen und Schlüsselbegriffe notieren.
7. Gliederung aufstellen und Überschriften formulieren (vor allem bei längeren Texten).
8. Den Argumentationsgang (Behauptungen und ihre Begründung, Vermutungen, Fragen usw.) mit eigenen Worten schriftlich oder mündlich wiedergeben.
9. Die eigene Auffassung von der des Autors genau unterscheiden.
10. Textauswahl und Arbeitsvorschläge können von Ihnen geändert werden (vgl. die Vorbemerkungen 0.2).

Die Arbeitsweise sollte gemeinsam festgelegt werden (Art der Vorbereitung, Gruppen- und Plenumsarbeit, Referate, Protokolle, Formen der Diskussion, Ergebnissicherung, Kritik und Verbesserungsvorschläge).
Die mit einem * gekennzeichneten Arbeitsvorschläge sind für ein besonders intensives Arbeiten gedacht.
Die Anführungsstriche mit anschließender Zeilenangabe in Klammern kennzeichnen Zitate aus dem jeweiligen Textauszug.

## Zu 1.1 (Zeichnung)

Die Zeichnung von Vladimir Renčin illustriert einen Beitrag in der ZEIT Nr. 43 vom 14. 10. 1979 über das Thema ›vom Werkzeug zum Denkzeug‹; der Beitrag enthält Auszüge aus einer Diskussion über die Entwicklung der Mikroprozessoren.

Weitere Informationen:
Möglichkeiten und Grenzen der Computerwissenschaften und ihrer Anwendung diskutiert kritisch Joseph Weizenbaum, Die Macht der Computer und die Ohnmacht der Vernunft. Frankfurt/M.: Suhrkamp 1978 (suhrkamp taschenbuch wissenschaft 274); der Autor ist Professor für Computerwissenschaften am Massachusetts Institute of Technology (M.I.T.) in den USA. Für eine »human computerisierte Gesellschaft« als »›Symbiose‹ von Mensch und Informationstechnik« plädiert Klaus Haefner, Die neue Bildungskrise. Lernen im Computerzeitalter. Mit Stellungnahmen Deutscher Kultusminister. Reinbek bei Hamburg: Rowohlt 1985 (zuerst 1982), (Rowohlt Computer 8122); Haefner ist Professor für angewandte Informatik an der Universität Bremen.
Einen informativen Überblick über die Anwendungsmöglichkeiten und eine Diskussion ihrer Problematik aus unterschiedlichen Perspektiven (Gesellschaft, Arbeit, Dritte Welt, Krieg etc.) findet man bei: Günter Friedrichs/Adam Schaff (Hrsg.), Auf Gedeih und Verderb. Mikroelektronik und Gesellschaft. Bericht an den Club of Rome. Reinbek bei Hamburg: Rowohlt 1984 (zuerst 1982).
Siehe auch: Klaus Brunnstein, Mehr Demokratie durch Computerhilfe? In: E. Martens u.a. (Hrsg.), Diskussion, Wahrheit, Handeln. Materialien für die Sekundarstufe II/Philosophie. Hannover: Schroedel 1975, Text 3.6.

*

1. Wovon träumt der Mann am Computer?
   Haben Sie manchmal ähnliche Träume?

2. Hat der Computer einen Einfluß auf Ihren Alltag?

3. Wie bewerten Sie die Anwendungsmöglichkeiten des Heimcomputers?

> Noch vor nicht allzulanger Zeit mußte man mit etwa 100 000 Dollar oder mehr für den billigsten Computer rechnen. Heute sind kompakte Heimcomputer schon für 1000 Dollar erhältlich, und der Preisrückgang hat noch keineswegs sein Ende erreicht. Die durch die integrierten Schaltkreise bewirkte Miniaturisierung hat es ermöglicht, daß sie als handliche Tischgeräte geliefert werden können. Derzeit findet man solche Geräte für den Heimgebrauch nur auf den Tischen einiger weniger Enthusiasten, die sie für Berechnungen, lokale Problemlösungen und Kommunikation mit Kollegen benutzen. Ihre Verwendung wird jedoch bald erheblich zunehmen, wenn die Anschaffungskosten weiter sinken, neue Verbindungen zu anderen Systemen hergestellt werden und äußere Zwänge den Wert der herkömmlichen Kommunikations- und Informationsdienste mindern. Man kann sich sehr gut vorstellen, daß die Tischkonsole des Heimcomputers, verbunden mit einem Fernsehschirm, in Zukunft eine selbständige und zentrale Einrichtung in den meisten Haushalten der Industrieländer sein wird. Mit Hilfe dieser Anlage

kann die Familie ihre Rechnungen bezahlen, nachdem sie ihren Kontoauszug bei der Bank abgerufen hat, sie kann beim Frühstück die im Lauf der Nacht eingegangene elektronische Post durchsehen sowie die verschiedenen, von der Familie abonnierten Zeitungen und Zeitschriften überfliegen oder lesen. Die Anlage wird Zugang zu Datenbanken und damit gleichsam zum »Gesamtwissen« der Menschheit ermöglichen. Sie wird eine breite Palette von Unterrichtsmöglichkeiten und handwerkliche und künstlerische Ausbildungskurse anbieten und von den Kindern bei der Erledigung ihrer Hausaufgaben benützt werden. Ist ein Familienmitglied mit Forschungsaufgaben befaßt, ermöglicht der Computer den Kontakt mit Kollegen und Dialoge über anstehende Probleme. Als Unterhaltungseinrichtung gibt er nicht nur die regulären Fernsehprogramme wieder und stellt ein Repertoire musikalischer Angebote zur Verfügung, sondern auch Computerspiele aller Art oder Schachpartien mit nahen oder fernen Freunden. Die Hausfrau wird, wenn sie dies wünscht, in der Lage sein, ihre Einkäufe mit Hilfe des Computers zu tätigen, indem er ihr Einblick in die Regale des Supermarktes verschafft, um die gewünschten Waren auszuwählen und gleichzeitig die Rechnung direkt und sichtbar von ihrem Familienkonto abbucht.
(Quelle: Alexander King, Eine neue industrielle Revolution oder bloß eine neue Technologie? In: Friedrichs/Schaff, a.a.O., S. 17 f.)

4. Interpretieren Sie Renčins Zeichnung mit Hilfe der Unterscheidungen, die Marx/Engels im folgenden Textabschnitt vornehmen:

»Das Reich der Freiheit beginnt in der Tat erst da, wo das Arbeiten, das durch Not und äußere Zweckmäßigkeit bestimmt ist, aufhört; es liegt also der Natur der Sache nach jenseits der Sphäre der eigentlichen materiellen Produktion ... Die Freiheit in diesem Gebiet kann nur darin bestehen, daß der vergesellschaftete Mensch, die assoziierten Produzenten, diesen ihren Stoffwechsel mit der Natur rationell regeln, unter ihre gemeinsame Kontrolle bringen, statt von ihm als von einer blinden Macht beherrscht zu werden; ihn mit dem geringsten Kraftaufwand und unter den ihrer menschlichen Natur würdigsten und adäquatesten Bedingungen vollziehen. Aber es bleibt dies immer ein Reich der Notwendigkeit. Jenseits desselben beginnt die menschliche Kraftentwicklung, die sich als Selbstzweck gilt, das wahre Reich der Freiheit, das aber nur auf jenem Reich der Notwendigkeit als seiner Basis aufblühen kann. Die Verkürzung des Arbeitstages ist die Grundbedingung.«
(Quelle: Kapital Bd. 3, Marx/Engels, Werke Bd. 25. Berlin: Dietz Verlag 1964, S. 828.)

Kann die Computertechnik als Vollendung des wissenschaftlich-technischen Fortschritts »das wahre Reich der Freiheit« ermöglichen?

5. »Es gilt immer: der Gebrauch entscheidet über die moralische Qualität. Computer sind jetzt da, wie Hammer, Buchdruck und Auto, weltweit. Und wir bekommen sie nicht mehr weg aus dieser Welt, das müssen wir einsehen. Wir müssen deshalb beginnen, uns diese Werkzeuge – oder wie schon gesagt wird: Denkzeuge – anzueignen oder wenigstens unseren Kindern erlauben, daß sie das tun, damit die bereits erheblich gefährdete Rationalität ihres Gebrauchs hergestellt wird« (Siegfried Schubenz ›Lernen, was das Leben verändert‹, in: DIE ZEIT Nr. 11 vom 8. 3. 1985).
   – Entscheidet der Gebrauch *immer* über die »moralische Qualität« eines Mittels?
   – Inwiefern kann man Computer als »Denkzeuge« bezeichnen?
   – Welche Rolle sollte die Computerausbildung in der Schule spielen?

6. Mit welchen Fragen wollen Sie sich in Ihrem Kurs zum Thema »Wissenschaft und Alltag« beschäftigen? Für eine Planungsphase können folgende Arbeitsvorschläge vielleicht hilfreich sein:
   – Klären Sie Ihr Vorverständnis von »Wissenschaft«, von »Alltag« und vom Zusammenhang beider Bereiche.
   – Notieren Sie in einem Protokoll, wo und wie Sie es in Ihrem Tagesablauf mit Wissenschaft zu tun haben (einen Tag lang, eine Woche).
   – Verfolgen Sie über einen festen Zeitraum die Berichte in den öffentlichen Medien über Wissenschaft bzw. über alles, was mit Wissenschaft zusammenhängt. (Sie können sich dabei Zeitungen, Zeitschriften, Rundfunk und Fernsehen aufteilen. Beachten Sie als Gesichtspunkte für Ihre »Medienanalyse« z. B.: Welche Themen oder Bereiche werden (vor allem) angesprochen? Welches Image hat Wissenschaft bzw. haben Wissenschaftler in den öffentlichen Medien?)
   – Ist Ihr Unterricht (in den verschiedenen Fächern) wissenschaftlich, sollte er es sein? Ziehen Sie die Vorworte verschiedener Unterrichtsbücher zum Vergleich mit heran.
   – Welche Theaterstücke, Erzählungen, Romane etc. kennen Sie aus dem Deutschunterricht bzw. aus Ihrer Privatlektüre zum Thema »Wissenschaft«?
7. Stellen Sie nun in Ihrem Kurs einen Fragen- oder Problemkatalog zusammen. Suchen Sie sich in einem ersten Zugriff Texte aus dem vorliegenden Materialband, eigene Texte oder andere Erkundungsmöglichkeiten heraus, mit deren Hilfe Sie Ihren Fragestellungen weiter nachgehen können.
   (Sie sollten im Laufe der Kursarbeit gelegentlich eine Zwischenbilanz und am Ende ein Resümee ziehen: Wonach haben wir gefragt; wie haben wir eine Lösung zu finden versucht; welche Lösung haben wir gefunden; wo bestehen weiterhin und weitere Fragen?)

## Zu 1.2 (Bacon)

*Francis Bacon* (1561–1626) stammte aus einer politisch sehr einflußreichen Familie: sein Vater war Lordsiegel-Bewahrer, sein Onkel Schatzkanzler des englischen Königreiches. Bacon war weder Erfinder noch Wissenschaftler noch Philosoph vom Fach, sondern Jurist im Staatsdienst. Sein Ziel, Wissenschaften und Erziehungssystem zu erneuern, konnte er in seiner anfangs weniger erfolgreichen politischen Laufbahn, aber auch nach seiner Ernennung zum Lordkanzler im Jahre 1618 kaum praktisch umsetzen. Nachdem er 1621 mit der Anklage wegen Bestechlichkeit und aus machtpolitischen Intrigen aus seinem Amt entfernt worden war, verlor er jeden politischen Einfluß und zog sich nach seiner Haftentlassung auf seine theoretische Arbeit zurück. Mit dieser Arbeit jedenfalls gewann er einen recht großen Einfluß auf das neue wissenschaftlich-technische Zeitalter. Er gilt neben Galilei (1564–1642), Kepler (1571–1630) und Descartes (1596–1650) als ein Begründer der erfahrungsbezogenen, experimentellen Naturwissenschaft. So stellt Kant 1781 seiner ›Kritik der reinen Vernunft‹ ein Motto aus Bacons ›Erneuerung der Wissenschaften‹ voran (siehe im Text Z. 9–13) und beruft sich in der Vorrede zur zweiten Auflage von 1787 ausdrücklich auf Bacons wissenschaftliche Methode des Experiments (B XII). Den mathematischen Ansatz der neuzeitlichen Wissenschaft dagegen hat vor allem Descartes, selber ein Mathematiker, entwickelt. Für den Bereich der Geschichte hat Vico (1668–1744) mit seiner ›Neuen Wissenschaft‹ (Scienza Nuova) Maßstäbe erfolgreicher Arbeit entwickelt; in seiner Leitidee »verum et factum convertuntur« kommt ebenfalls der experimentelle Grundzug der neuzeitlichen Wissenschaft zum Ausdruck (d. h. wir sehen nur das ein, was wir selber gemacht haben, hier die geschichtlichen Ereignisse als Produkt menschlicher Handlungen).

Bacons Hauptwerk ist die 1620 in Latein veröffentlichte ›Instauratio Magna Scientiarum‹ (Die große Erneuerung der Wissenschaften). Von den sechs geplanten Teilen ist nur der zweite Teil ›Novum Organon‹ (Neues Werkzeug) ausgeführt. Das neue Werkzeug oder die neue Methode der Wissenschaft (im Unterschied zum ›Organon‹ des Aristoteles) besteht nach Bacon zunächst im Abbau von Vorurteilen jeder Art (Idolenlehre), sodann im Aufstellen oder Herausfinden allgemeiner Naturgesetze durch Beobachtung und Versuch (die Lehre von der Induktion). Weil Bacon seine Methode erst entwickeln mußte, wählte er als Darstellungsform Aphorismen und Bilder und keine systematische Form. Die Organisation staatlich geförderter Wissenschaften beschreibt Bacon in seinem romanhaften Reisebericht ›Neu-Atlantis‹ (Nova Atlantis, 1624; z. B. in: Der utopische Staat. Morus, Utopia; Campanella, Sonnenstaat; Bacon, Neu-Atlantis. Hrsg. von K. J. Heinisch. Reinbek bei Hamburg: Rowohlt 1960, auch bei Reclam, Stuttgart 1982, RUB 6645).

Der Textauszug ist der Vorrede, dem ersten Buch sowie dem Schluß des zweiten Buches (und Schluß insgesamt) des ›Novum Organon‹ entnommen.

Weitere Informationen:
Eine gute Einführung in das Leben, Werk und die Wirkungsgeschichte Bacons gibt: Wolfgang Krohn, Francis Bacon. In: O. Höffe (Hrsg.), Klassiker der Philosophie, Bd. 1. München: C. H. Beck 1981, S. 262–279.
Zur Bedeutung Bacons für das »aufsteigende Bürgertum«: Ernst Bloch, Vorlesungen zur Philosophie der Renaissance. Frankfurt/M.: Suhrkamp 1972 (suhrkamp taschenbuch 75), S. 85–110; dort S. 111–122 »Zur Entstehung der mathematischen Naturwissenschaft (Galilei, Kepler, Newton)«.
Zu Bacon siehe auch die Texte 1.3 (Swift) und 2.1 (Brecht).

*

1. Stimmen Sie Bacons »wahren Ziele(n) der Wissenschaft« (Z. 1) zu? (Vgl. Z. 146 ff.)
2. Welche Rolle spielt nach Bacon die »Liebe« (Z. 5) für die Erreichung der von ihm geforderten Ziele der Wissenschaft? Vergleichen Sie damit die Losungsworte der Französischen Revolution von 1789 »Freiheit, Gleichheit, Brüderlichkeit«.
3. Was kritisiert Bacon an der Art, wie bisher Erfindungen gemacht wurden, welche Hoffnungen schöpft er dennoch aus ihnen (vgl. Z. 35–121)?

4. Worin besteht Bacons »Methode« (Z. 125), wogegen grenzt er sie ab? Erläutern Sie seine Metapher »wie ein rechter Dolmetscher der Natur« (Z. 129). Ziehen Sie auch die Metaphern aus § 95 (1. Buch) des ›Novum Organon‹ heran (a. a. O. S. 106):

> Die, welche die Wissenschaften betrieben haben, sind Empiriker oder Dogmatiker gewesen. Die Empiriker, gleich den Ameisen, sammeln und verbrauchen nur, die aber, die die Vernunft überbetonen, gleich den Spinnen, schaffen die Netze aus sich selbst. Das Verfahren der Biene aber liegt in der Mitte; sie zieht den Saft aus den Blüten der Gärten und Felder, behandelt und verdaut ihn aber aus eigener Kraft. Dem nicht unähnlich ist nun das Werk der Philosophie; es stützt sich nicht ausschließlich oder hauptsächlich auf die Kräfte des Geistes, und es nimmt den von der Naturlehre und den mechanischen Experimenten dargebotenen Stoff nicht unverändert in das Gedächtnis auf, sondern verändert und verarbeitet ihn im Geiste. Daher könne man bei einem engeren und festeren Bündnisse dieser Fähigkeiten, der experimentellen nämlich und der rationalen, welches bis jetzt noch nicht bestand, bester Hoffnung sein.

5. Charakterisieren Sie den Unterschied, den Bacon zwischen alltäglichem und wissenschaftlichem Wissen macht (vgl. Z. 131–145).
6. Erläutern Sie die »Wohltaten der Erfinder« (Z. 163) an Bacons Beispielen der Buchdruckerkunst, des Schießpulvers und des Kompasses. Schätzt Bacon die Bedeutung der Politik in diesem Zusammenhang richtig ein?
   * Ziehen Sie zum Vergleich der drei Beispiele auch Needham (2.5) heran.
7. Welche Hoffnung setzt Bacon in seine Methode (Z. 225–237)? Hat sich seine Hoffnung erfüllt?
8. Trifft die Kritik von Horkheimer/Adorno an Bacons Wissenschaftsverständnis zu? Gehen Sie dabei insbesondere auf den Zusammenhang von neuzeitlicher Wissenschaft und gesellschaftlich-ökonomischen Bedingungen ein.

> Seit je hat Aufklärung im umfassendsten Sinn fortschreitenden Denkens das Ziel verfolgt, von den Menschen die Furcht zu nehmen und sie als Herren einzusetzen. Aber die vollends aufgeklärte Erde strahlt im Zeichen triumphalen Unheils. Das Programm der Aufklärung war die Entzauberung der Welt. Sie wollte die Mythen auflösen und Einbildung durch Wissen stürzen. Bacon, »der Vater der experimentellen Philosophie«, hat die Motive schon versammelt.
> [...]
> Trotz seiner Fremdheit zur Mathematik hat Bacon die Gesinnung der Wissenschaft, die auf ihn folgte, gut getroffen. Die glückliche Ehe zwischen dem menschlichen Verstand und der Natur der Dinge, die er im Sinne hat, ist patriarchal: der Verstand, der den Aberglauben besiegt, soll über die entzauberte Natur gebieten. Das Wissen, das Macht ist, kennt keine Schranken, weder in der Versklavung der Kreatur noch in der Willfährigkeit gegen die Herren der Welt. Wie allen Zwecken der bürgerlichen Wirtschaft in der Fabrik und auf dem Schlachtfeld, so steht es den Unternehmenden ohne Ansehen der Herkunft zu Gebot. Die Könige verfügen über die Technik nicht unmittelbarer als die Kaufleute: sie ist so demokratisch wie das Wirtschaftssystem, mit dem sie sich entfaltet. Technik ist das Wesen dieses Wissens. Es zielt nicht auf Begriffe und Bilder, nicht auf das Glück der Einsicht, sondern auf Methode, Ausnutzung der Arbeit anderer, Kapital.
> (Quelle: Max Horkheimer/Theodor W. Adorno, Dialektik der Aufklärung. Frankfurt/M.: Fischer 1971, S. 7 f.; zuerst Amsterdam 1947.)

## Zu 1.3 (Swift)

*Jonathan Swift,* geboren 1667 in Dublin und 1745 dort gestorben, war ursprünglich Theologe und Pfarrer, wandte sich dann aber zunehmend der zeitkritischen Schriftstellerei zu. Sein 1726 erschienenes Buch ›Reisen zu mehreren entlegenen Völkern der Erde in vier Teilen von Lemuel Gulliver, erst Wundarzt, später Kapitän mehrerer Schiffe‹ ist den meisten nur in der verkürzten und verharmlosenden Fassung eines Kinder- und Märchenbuchs über Lilliputaner und Riesen bekannt. Das Buch enthält jedoch in seiner ursprünglichen Form eine scharfe Kritik und Karikatur zeitgenössischer Politik sowie der Hoffnung auf Verbesserung unserer Lebensumstände durch die neue Wissenschaft; es nimmt in vielen Punkten Rousseaus Kulturkritik vorweg.

Zum Textauszug: Bei seiner Reise nach Lagado, der Hauptstadt Balnibarbis, besucht Gulliver auch die dortige wissenschaftliche Akademie. In seiner Beschreibung karikiert Swift bzw. der fiktive Erzähler Gulliver die Londoner Royal Society; 1660 gegründet, ist sie die älteste und angesehenste wissenschaftliche Gesellschaft Englands. Sie betrachtet Francis Bacon (siehe 1.2), der in ›Nova Atlantis‹ ebenfalls eine staatliche Wissenschaftsorganisation beschreibt, als ihren Ahnherrn. Der Royal Society gehörten weltberühmte Gelehrte an; so war etwa Newton 1703 ihr Präsident.

Weitere Informationen:
Von Bacon bis Newton, also etwa 1600–1700, sind folgende wichtige Ereignisse in Astronomie und Physik zu verzeichnen:

| | |
|---|---|
| 1600 | Verbrennung von Giordano Bruno in Rom. Veröffentlichung des ersten umfassenden Werks über den Magnetismus durch William Gilbert (De Magnete). |
| 1602 | Entdeckung des Brechungsgesetzes durch Thomas Harriot, 1620 durch Snellius (beide unveröffentlicht). Veröffentlichung durch Descartes, 1637. |
| 1609 | Die ersten zwei Keplerschen Gesetze der Planetenbewegung werden in der ›Astronomia nova‹ veröffentlicht. Das dritte Gesetz folgt erst 1619. |
| 1610 | In der Schrift ›Sternenbotschaft‹ schildert Galilei seine Entdeckungen mit dem Fernrohr: die Mondgebirge, die Sternstruktur der Milchstraße und die Jupitermonde. |
| 1620 | Francis Bacon veröffentlicht seine neue Wissenschaftslehre, in der das induktive Vorgehen eine zentrale Rolle einnimmt. |
| 1627 | Kepler veröffentlicht seine ›Rudolfinischen Tafeln‹. Sie sind wirklich besserer Ersatz für die bis dahin erstellten Tafeln auf ptolemäischer und copernicanischer Basis. |
| 1632 | Das astronomische Hauptwerk des Galilei, der ›Dialogo‹, erscheint. Der darauf folgende Inquisitionsprozeß endet 1633 mit Abschwören und Verbannung. |
| 1637 | Descartes veröffentlicht seine wissenschaftliche Methode mit Beispielen aus der Naturwissenschaft und Mathematik (›Discours de la méthode . . .‹), einschließlich Geometrie, Dioptrik, Meteore. |
| 1638 | Das physikalische Hauptwerk von Galilei, ›Discorsi‹, erscheint in Leiden, Holland. |
| 1648 | Pascal läßt mittels Barometer die Verringerung des Luftdrucks auf dem Puy de Dôme feststellen. |

| | |
|---|---|
| 1651 | Riccioli veröffentlicht sein Werk ›Almagestum novum‹. Er favorisiert darin das Tychonische Weltsystem als Kompromiß zwischen Tradition (Ptolemäus) und Moderne (Copernicus). |
| 1657 | Huygens erhält ein Patent auf die Penduluhr. Er hat sie zu einer auch wissenschaftlich brauchbaren Verbesserung der bisherigen ›Waag‹uhr entwickelt. Spätere Leistungen von ihm: Zentrifugalkraftuntersuchung, Stoßtheorie, Anfänge einer ›Wellen‹-theorie des Lichtes. |
| 1660–66 | Gründung der Royal Society in London und der Académie des Sciences in Paris als erster großer Fachgesellschaften für Mathematik, Naturwissenschaften (und Technik) mit eigenen regelmäßig erscheinenden wissenschaftlichen Zeitschriften. |
| ab 1666 | Newton entdeckt die Farbaufspaltung des Sonnenlichtes, das Gesetz der allgemeinen Gravitation und die »Fluxions«rechnung (d. h. die Infinitesimalrechnung, etwa gleichzeitig mit Leibniz). |
| 1669–70 | Picard erhält einen genauen Wert des Erdradius. |
| 1672 | Richter stellt fest, daß das Sekundenpendel in Äquatornähe verkürzt werden muß. Seine Hauptaufgabe in Cayenne sind astronomische Beobachtungen zur Bestimmung der relativen Entfernung Erde–Sonne. Cassini bestimmt daraus und aus anderen Messungen die Sonnenparallaxe zu 9,5 Bogensekunden. |
| 1676 | Römer bestimmt auf der Pariser Sternwarte aus den Verfinsterungen der Jupitermonde die Zeit, die das Licht zum Durchqueren der Erdbahn braucht, zu 11 Minuten. Er beweist damit die Endlichkeit der Lichtgeschwindigkeit. Gründung der Sternwarte von Greenwich. Flamsteed wird erster »königlicher Astronom«. Eine Hauptaufgabe ist die Entwicklung von Sternkarten für Navigationszwecke, die für die Seeweltmacht England besonders wichtig sind. |
| 1682 | Halley entdeckt die Wiederkehr der Kometen. Er zeigt, daß der von ihm 1681/82 beobachtete Komet mit den 1607 und 1531 beobachteten identisch sein muß, und sagt seine Wiederkehr für 1758/59 voraus.<br>Das Eintreffen der Vorhersage wird ein wichtiger Triumph der Newtonschen Mechanik (weitere Daten der Wiederkehr des »Halleyschen« Kometen 1835, 1910, 1986). |
| 1687 | Das Hauptwerk von Newton, die ›Mathematischen Prinzipien der Naturlehre‹, erscheint. Für Himmel und Erde gilt die gleiche Physik (Mechanik). |

Als allgemeinhistorische Daten wären für diesen Zeitraum zu nennen:

| | |
|---|---|
| 1600 | Gründung der Ostindischen Handelskompanie – England wird dominierende Seemacht |
| 1618 | Beginn des 30jährigen Krieges |
| 1648 | Westfälischer Friede |
| 1653 | Oliver Cromwell erhält absolute Macht in England |
| 1661–1715 | Ludwig XIV., König von Frankreich |
| 1682–1725 | Peter der Große, Zar von Rußland |
| 1683 | Türken vor Wien |
| 1688 | »Glorious Revolution« in England |

(Quelle: Jürgen Teichmann, Wandel des Weltbildes. Astronomie, Physik und Meßtechnik in der Kulturgeschichte. Reinbek bei Hamburg: Rowohlt 1985 (Rowohlt Taschenbuch Bd. 7721), S. 14–17.)

1. Worin besteht Swifts Kritik an der »Großen Akademie von Lagado« (bzw. der »Royal Society«)?
2. Ist seine Kritik im Prinzip berechtigt?
3. Haben Sie ähnliche Kritik an gegenwärtigen Forschungsprojekten wie Swift?
   * Verwerten Sie auch Ihre Ergebnisse aus der »Medienanalyse« (zu 1.1, Arbeitsvorschlag 6).
*4. Besorgen Sie sich Vorlesungsverzeichnisse von Universitäten, Berichte von Forschungsinstituten oder Verzeichnisse von Volkshochschulveranstaltungen. Vergleichen Sie Inhalte, Sprache und Adressaten miteinander. Woran könnten Ihre Schwierigkeiten (oder Swifts) mit einigen Projekten liegen? Ließen sich diese Schwierigkeiten vermeiden?
   (Lesen Sie hierzu auch: Helmut Gollwitzer, Volk + Universität = Volksuniversität. In: Das Argument 128, 1981, S. 481–486.)
5. Spielen Sie ein Genehmigungsverfahren durch, etwa eine Plenumsdiskussion zum »Forschungsprojekt der Arzneimittelfirma X: Erprobung des Impfstoffes Y an Säuglingen der Entbindungsstation der Universitätsklinik Z« (Besetzung des Gremiums, Pro- und Contraargumente, Entscheidung etc.).
*6. Vergleichen Sie Bacons Schilderung der Forschungsakademie in ›Neu-Atlantis‹ (in: Der utopische Staat, siehe die Informationen zu 1.2, Rowohlt-Ausgabe S. 205–213; Reclam-Ausgabe S. 42–58) mit Swifts Karikatur.

## Zu 1.4 (Imhof)

*Arthur E. Imhof*, geboren 1939, ist Professor für Sozialgeschichte der Neuzeit an der Freien Universität Berlin. Er veröffentlichte u. a.: Die gewonnenen Jahre. Von der Zunahme unserer Lebensspanne seit dreihundert Jahren oder von der Notwendigkeit einer neuen Einstellung zu Leben und Sterben. München: C. H. Beck 1981. Der Textauszug ist das abschließende Fazit aus Imhofs Buch ›Die verlorenen Welten: Alltagsbewältigung durch unsere Vorfahren – und weshalb wir uns heute so schwer damit tun‹ (1984). Imhof legt mit seinem Buch einen Beitrag zur Geschichte des Alltags (»von unten her«) vor. Am Lebenslauf von Johannes Hoos, der 1670–1755 auf dem Vältes-Hof im nordhessischen Leimbach lebte, beschreibt Imhof die Alltagsbewältigung eines unserer Vorfahren: wie er seine Kindheit und Jugend verbrachte, als Bauer den ererbten Hof führte und ihn im Alter an seinen Schwiegersohn übergab. Das Leben des einzelnen war durch die Bedrohung von Pest, Hunger und Krieg ungesichert. Nur der Hof (der in diesem Fall fast unverändert bis in die Gegenwart weitervererbt wurde), Familien- und Freundschaftsbeziehungen sowie die Einbindung der Menschen in den Kreislauf der Natur und ihr Glaube an ein ewiges Leben konnten Stabilität bieten.

Weitere Informationen:
R. Schörken: Geschichte in der Alltagswelt. Wie uns Geschichte begegnet und was wir mit ihr machen. Stuttgart: Klett-Cotta 1981.
Zum Problem des Alters: Robert Jungk, Die neuen Alten. Erfahrungen aus dem Un-Ruhestand. In: H. J. Schultz (Hrsg.), Die neuen Alten. Stuttgart: Kreuz Verlag 1985.

*

1. Inwiefern hat die Wissenschaft nach Imhof unseren Alltag verbessert, inwiefern hat sie ihn verschlechtert?
2. Welche »zwei Aufgaben« (Z. 62) leitet Imhof aus dieser Analyse ab? Wie lauten seine Lösungsvorschläge?
3. Stimmen Sie mit Imhofs Analyse, den zwei Aufgaben und den Lösungsvorschlägen überein?
4. In welchem Verhältnis stehen nach Imhof die »Kathedralen des Lernens« zu den »Kathedralen des Glaubens«, die »Bücher-« zu den »tonangebenden Glockentürmen« (Z. 179 f.)?
5. Diskutieren Sie in diesem Zusammenhang, was gegenwärtig »Wissenschaftsgläubigkeit« bedeuten könnte.
6. Versuchen Sie selber Geschichte des Alltags in Form von »oral history« zu betreiben: Was berichten Ihre Großeltern oder andere ältere Menschen von ihrem Alltag mit weniger Wissenschaft und Technik? Was wissen diese noch von ihren eigenen Vorfahren zu erzählen?
Vergleichen Sie Ihre Erkundungen mit Imhofs Ausführungen und Ihren eigenen Beobachtungen und Überlegungen. (Sie können z.B. eine Zeitleiste mit den wichtigsten Lebensdaten Ihrer Gesprächspartner und deren Vorfahren, den wissenschaftlich-technischen Erfindungen und politischen Ereignissen bis in Ihren eigenen Lebenslauf hinein anfertigen.)
*7. Hat sich Bacons Hoffnung auf die neue Wissenschaft »zur Wohltat und zum Nutzen fürs Leben« (Text 1.2, Z. 4 f.) erfüllt?

## Zu 1.5 (Böhme)

*Gernot Böhme,* geboren 1937, studierte Mathematik, Physik und Philosophie, war Mitarbeiter am Starnberger »Max-Planck-Institut zur Erforschung der Lebensbedingungen der wissenschaftlich-technischen Welt« bei C.F. von Weizsäcker (siehe zu 3.6) und ist seit 1977 Professor für Philosophie an der Technischen Hochschule Darmstadt. Er veröffentlichte neben Arbeiten zur klassischen Philosophie, etwa zu Platon, Aristoteles und Kant, auch mehrere Bücher über aktuelle Probleme der Wissenschaftstheorie und -soziologie, u.a.: Experimentelle Philosophie (mit W.v.d. Daele, W. Krohn; 1977); Die gesellschaftliche Orientierung des wissenschaftlichen Fortschritts (mit W.v.d. Daele, R. Hohlfeld, W. Krohn, W. Schäfer, T. Spengler; 1978); Entfremdete Wissenschaft (mit M. von Engelhardt; 1979); Das Andere der Vernunft. Zur Entwicklung von Rationalitätsstrukturen am Beispiel Kants (mit H. Böhme; 1983); Anthropologie in pragmatischer Hinsicht. Darmstädter Vorlesungen (1985).
Der Textauszug ist dem Buch ›Alternativen der Wissenschaft‹ entnommen, in dem Böhme verdrängte oder vergessene Formen des Umgangs mit der Natur und mit dem Menschen untersucht, etwa am Beispiel der Geburtshilfe.

Weitere Informationen:
Im Buch ›Entfremdete Wissenschaft‹ (siehe oben) sind mehrere Beispiele für das Verhältnis von »wissenschaftlichem und lebensweltlichem Wissen« enthalten: Medizin (siehe unten zu Arbeitsvorschlag 6); Jura (Harenburg/Seeliger); Pädagogik (v. Engelhardt); Politik (W. Schäfer zum »Handwerkerkommunismus« Weitlings und zum »Doktor der Revolution« Marx); Produktion (Hoffmann).
Zum Verhältnis von personengebundenem, situationsbezogenem »Gebrauchswissen« und schematischem, allgemeinem »Satzwissen«: Wolfgang Wieland, Platon und die Formen des Wissens. Göttingen: Vandenhoeck & Ruprecht 1982.

*

1. Welche Erfahrungen mit der Wissenschaft haben Sie persönlich bisher gemacht?
   * Vergleichen Sie Gernot Böhmes »Erfahrungen mit der Wissenschaft«, von denen er zu Beginn seines Buches (S. 9) berichtet, mit Ihren eigenen Erfahrungen. Inwiefern handelt es sich bei Böhme um »Kinderfragen«?

   *Kinderfragen.* Das erste Gesetz, von dem ich hörte – das Hooke'sche war es, glaube ich, oder das Hebelgesetz – erfüllte mich mit Erstaunen und Erschrecken. Die Antwort des Lehrers auf meine Frage ›Warum?‹ damals: ›Weil es der liebe Gott so eingerichtet hat.‹ Eine ungeduldige Antwort, aber strategisch richtig. Was das Kind unbefriedigt ließ, mußte der Physiker später als Ohnmacht den eigenen Kindern gegenüber erfahren: Die Wissenschaften erklären letzten Endes nichts. Kinderfragen sind ihnen zu radikal. Schon Platon stellte zur Methode der exakten Wissenschaften fest: daß sie von Voraussetzungen ausgehen, ›über die sie keine Rechenschaft glauben zu geben müssen, weder sich noch anderen‹.

2. Stellen Sie in einer Übersicht die Kennzeichen wissenschaftlichen und lebensweltlichen Wissens nach Böhme zusammen.
3. Ziehen Sie weitere Beispiele für »beide Wissensformen« heran (z. B. Erziehung, Ernährung, Landwirtschaft).
4. Versuchen Sie eine Antwort auf Böhmes »Frage, ob der Verlust lebensweltlichen Wissens nicht Hohlräume hinterlassen hat, die durch wissenschaftliches Wissen nicht auszufüllen sind« (Z. 72–74).
*5. Vergleichen Sie die Analyse und Bewertung der Verwissenschaftlichung unseres Alltags bei Böhme und Imhof (Text 1.4).
6. Welche unterschiedlichen Wissensformen von Krankheit und Gesundheit drücken sich in der Sprache der Laien, Praktiker (praktischen Ärzte) und Kliniker (Wissenschaftler) aus (siehe Tabelle)? Sammeln Sie Sprachbeispiele zu ähnlichen Bereichen.

# Erschöpfung

| Patienten-selbstdiagnosen | In der Kassenpraxis gebräuchliche Diagnosen | Klinische Diagnosen (Immich) |
|---|---|---|
| Erschöpfung | Erschöpfung | |
| Erschöpfungszustand | Erschöpfungszustand | |
| Erschöpfungskrankheit | Erschöpfungskrankheit | |
| allgemeine Erschöpfung | allgemeine Erschöpfung | |
| | allgemeiner Erschöpfungszustand | |
| völlig erschöpft | | |
| nervöse Erschöpfung | nervöse Erschöpfung | nervöse Erschöpfung |
| nervöser Erschöpfungszustand | nervöser Erschöpfungszustand | |
| Nervenzusammenbruch | psychonervöse Erschöpfung | |
| | nervös-seelische Erschöpfung | |
| | psychischer Erschöpfungszustand | |
| | seelische Erschöpfung | |
| körperliche und geistige Erschöpfung | nervöser und allgemeiner Erschöpfungszustand | |
| | körperlich nervöser Erschöpfungszustand | |
| allgemeine Erschöpfung und Depression | körperlich nervöse Erschöpfung | |
| | psychosomatische Erschöpfung | |
| | psychophysische Erschöpfung | |
| | psychophysischer Erschöpfungszustand | |
| | psychophysischer Versagenszustand | |
| Überanstrengung | psychovegetativer Erschöpfungszustand | |
| Überforderung | psychovegetative Erschöpfung | |
| Überlastung | Erschöpfung bei vegetativer Dystonie | |
| Überarbeitung | vegetativer Erschöpfungszustand | |
| Schwächeanfälle durch schwere Arbeit | vegetative Erschöpfung Versagenszustand | |
| Überanstrengung durch Haushalt und Beruf | körperliche Erschöpfung körperlicher Erschöpfungszustand | übermäßige Erschöpfung |
| Weiß nicht, muß mal ausspannen – Wochenende immer erholsamer | | |
| Ich bin durchgedreht, fühle mich einfach nicht wohl und bin schlapp wie Gummi | | |
| Habe keine Kraft mehr und komme nicht mehr aus den Erdlöchern | | |
| Ich bin vollkommen fertig | | |
| Ich bin fix und fertig | | |
| Ich kann einfach nicht | | |
| Ich bin nervlich und körperlich total herunter | | |

# Diabetes

| Patienten-selbstdiagnosen | In der Kassenpraxis gebräuchliche Diagnosen | Klinische Diagnosen (Immich) |
|---|---|---|
| Diabetes<br>Diabetiker<br>Diabetes mellitus<br>Zuckerkrankheit<br>Zucker<br>es hat sich Zucker eingestellt | Diabetes<br><br>Diabetes mellitus<br>Zuckerkrankheit<br><br>Entgleisung<br>der Diabetes<br><br><br><br>Zusammenhang<br>mit Diabetes | Diabetes mellitus<br>Zuckerharnruhr<br>Zuckerkrankheit<br>Altersdiabetes<br>Diabetes mellitus<br>Insulinrefraktär<br>MAURIAC-Syndrom<br>Azidose, diabetische<br>Ketose, diabetische<br>Praekoma diabeticum<br>Koma diabeticum<br>Koma, diabetisches<br>Koma, hyperglykämisches<br>Hypoglykämie, diabetische<br>Abszeß, diabetischer<br>Xanthelasma, diabetisches<br>Xanthoma diabeticum<br>Xanthomatose, diabetische<br>Haut, Infektion, diabetische<br>Furunkel, diabetisches<br>Karbunkel, diabetischer<br>Gangrän, diabetische<br>Dekubitus, diabetischer<br>Haut, diabetische<br>Ulcerationen<br>Pruritus, diabetischer<br>Keratodermia diabetica<br>Polydermie, diabetische<br>Nekrobiosis lipoidica diabeticorum<br>Azetonämie, diabetische<br>Neuralgie, diabetische<br>Neuritis, diabetische<br>Polyneuritis, diabetische<br>MORGAGNI-Syndrom<br>Iridozyklitis diabetica<br>Iritis diabetica<br>Katarakta diabetica<br>Netzhaut, Blutung, diabetische<br>Retinitis diabetica<br>Retinopathia diabetica<br>Glomerulosklerose, diabetische<br>KIMMELSTIEL-WILSON-Syndrom, diabetisches<br>Nephrose, diabetische<br>Balanitis diabetica<br>Vulvitis diabetica |

(Quelle: L. v. Ferber, Sozialdialekte in der Medizin. Das Sprachverhalten von Laien, Praktikern und Wissenschaftlern. In: G. Böhme/M. v. Engelhardt (Hrsg.), Entfremdete Wissenschaft. Frankfurt/M.: Suhrkamp 1979, S. 40/41.)

## Zu 1.6 (Lübbe)

*Hermann Lübbe,* geboren 1926, lehrt seit 1971 als Professor für Philosophie und Politische Theorie an der Universität Zürich. Er war zuvor an mehreren anderen Universitäten tätig und sammelte auch praktische Erfahrungen in der politischen Arbeit, 1966–1969 als Staatssekretär im Kultusministerium und 1969/70 beim Ministerpräsidenten von Nordrhein-Westfalen. Er veröffentlichte u. a.: Politische Philosophie in Deutschland (1963); Fortschritt als Orientierungsproblem. Aufklärung in der Gegenwart (1975); Endstation Terror. Rückblick auf lange Märsche (1978); Praxis der Philosophie. Praktische Philosophie. Geschichtstheorie (1978).
Der Textauszug ist ein um die Anfangs- und Schlußpassage gekürzter Artikel aus DIE WELT Nr. 233 vom 25. 9. 1982. Als positives Moment der »Gegenwartsdistanz« hebt Lübbe zunächst das wachsende Interesse an der Geschichte hervor; gegen Schluß weist er auf die wachsende und notwendige Bereitschaft zu technischen Berufen hin, ebenso auf zunehmende Leistungsbereitschaft.

Weitere Informationen:
Walther Ch. Zimmerli (Hrsg.): Technik oder: wissen wir, was wir tun? Basel/Stuttgart: Schwabe & Co 1976.
Hans Lenk: Zur Sozialphilosophie der Technik. Frankfurt/M.: Suhrkamp 1982.
Rolf Peter Sieferle: Fortschrittsfeinde? Opposition gegen Technik und Industrie von der Romantik bis zur Gegenwart. München: C. H. Beck 1984.

*

1. Machen Sie eine eigene Umfrage (in Ihrem Kurs, bei Freunden, Verwandten, Straßenpassanten etc.) nach dem »Segen oder Fluch« der Technik (vgl. Z. 2–8).
2. Fassen Sie die Kernpunkte der sechs Einwände Lübbes zusammen und überprüfen Sie ihre Stichhaltigkeit.
3. Mögliche Leitfragen zu den einzelnen Einwänden (und Behauptungen) Lübbes könnten sein:
    zu (1) Worin besteht nach Lübbe der »humane Lebenssinn unserer durch Wissenschaft und Technik geprägten Zivilisation« und mit welchen Argumenten verteidigt er ihn?
    zu (2) Inwiefern kann die freie Marktwirtschaft mit der »technischen Evolution« besser fertig werden als der Sozialismus und die Politik der Grünen?
    zu (3) Diskutieren Sie das Mittel-Zweck-Verhältnis von wissenschaftlich-technischen Fortschritten und »konservativen Zwecken«.
    zu (4) Ist es moralisch oder im Gegenteil gerade unmoralisch, die Modernisierungsprozesse in der Dritten Welt zu verhindern?
    zu (5) Ist der Vorwurf des »moralischen Irrationalismus« berechtigt, den Lübbe gegenüber einigen Technologie-»Protestlern« erhebt?
    zu (6) Verfällt Lübbe selber in eine »Rhetorik der Beschwichtigung« angesichts auch der von ihm geteilten »Besorgnis über die Zukunft der wissenschaftlich-technischen Zivilisation«?
4. Arbeiten Sie die Begriffe von »Fortschritt« und »Humanität« heraus, von denen Lübbe in seinen Thesen ausgeht.

## Zu 1.7 (Spaemann)

*Robert Spaemann,* geboren 1927, studierte Philosophie, Geschichte, Theologie und Romanistik; er war seit 1962 Professor für Philosophie und Pädagogik in Stuttgart und lehrt seit 1973 Philosophie an der Universität München. Spaemann veröffentlichte u. a.: Zur Kritik der politischen Utopie. Zehn Kapitel politischer Philosophie (1977); Die Frage Wozu? Geschichte und Wiederentdeckung teleologischen Denkens (mit R. Löw; 1981); Moralische Grundbegriffe (1982); Technische Eingriffe in die Natur als Problem der politischen Ethik (in: D. Birnbacher (Hrsg.), Ökologie und Ethik. Stuttgart: Reclam 1980).
Der Textauszug ist dem gleichnamigen Aufsatz aus Spaemanns Sammelband ›Philosophische Essays‹ (1983) entnommen.

Weitere Informationen:
Zu Z. 93 »Freedom and Dignity«: vgl. Burrhus F. Skinner, Jenseits von Freiheit und Würde. Reinbek bei Hamburg: Rowohlt 1973 (engl. Ausgabe: Beyond Freedom and Dignity, 1971).
Zum Problem der Verhaltenskonditionierung: Kant, Kritik der reinen Vernunft, Dritte Antinomie der transzendentalen Dialektik: Kausalität aus Freiheit und aus Notwendigkeit (A 448/B 476 ff.).

\*

1. Beziehen Sie die von Spaemann unterschiedenen zwei Typen von Fortschritt auf den wissenschaftlich-technischen Fortschritt.
2. Wie unterscheidet Spaemann »Wissenschaft in ihrem neuzeitlichen Konzept« vom Konzept bzw. Paradigma der »älteren Wissenschaft« (Z. 73–89)?
   * Ziehen Sie hierzu auch Bacon (1.2), Imhof (1.4) und Aristoteles (3.2) heran.
3. Überlegen Sie die Gründe, die für die von Spaemann nur angedeutete »mögliche Ablösung« (Z. 74) des neuzeitlichen Konzepts von Wissenschaft sprechen könnten.
4. Worin besteht nach Spaemann die »Vergegenständlichung« (Z. 91) der menschlichen Natur? Wie kritisiert er diese Vergegenständlichung?
   * Lesen Sie auch die Romane von A. Huxley ›Schöne neue Welt‹ und von B. F. Skinner ›Futurum Zwei‹ als Utopie eines verwissenschaftlichten Alltags und konditionierten menschlichen »Handelns«.
5. Diskutieren Sie Spaemanns Menschenbild.
\*6. Beziehen Sie Stellung im Streit zwischen Dostojewskis Mann »aus dem Kellerloch« und Skinners Erwiderung:

   > Es wird manchmal behauptet, der wissenschaftliche Entwurf einer Kultur sei unmöglich, weil der Mensch die Tatsache, daß er kontrolliert werden kann, einfach nicht akzeptieren werde. Sogar wenn bewiesen werden könnte, daß menschliches Verhalten völlig determiniert ist, sogar dann, meinte Dostojewsky\*, würde der Mensch »Dinge aus reinem Eigensinn tun – er würde Zerstörung und Chaos schaffen –, nur um seinen Standpunkt zu behaupten ... Und wenn all dies ebenfalls analysiert und verhindert werden könnte durch die Voraussage, daß es geschehen würde, dann würde

der Mensch dem Wahnsinn verfallen, um seinen Standpunkt zu beweisen.« Dostojewsky schließt ein, daß er sich dann einer Kontrolle entzogen hätte – als wenn Wahnsinn eine besondere Art von Freiheit wäre oder als wenn das Verhalten eines Psychotikers nicht vorausgesagt oder kontrolliert werden könnte.
In einer Hinsicht hat Dostojewsky vielleicht recht. Die Literatur der Freiheit kann zu einem fanatischen Widerstand gegen Kontrollpraktiken inspirieren, die ausreicht, um eine neurotische, wenn nicht gar eine psychotische Reaktion zu erzeugen. Wir entdecken Anzeichen einer emotionalen Labilität an jenen, die von dieser Literatur stark beeinflußt worden sind.
\* In ›Aufzeichnungen aus dem Kellerloch‹, 1864. [Reclam Ausgabe, Stuttgart 1984, S. 34; Anm. d. Hrsg.]
(Quelle: B. F. Skinner, Jenseits von Freiheit und Würde. Reinbek bei Hamburg: Rowohlt 1973, S. 169 f.)

7. Mit welchen Argumenten lehnt Spaemann »demokratische Machtkontrolle« des wissenschaftlich-technischen Fortschritts als »Patentlösung« (Z. 130 f.) ab? Ist sein eigener Lösungsvorschlag akzeptabel?
8. Vergleichen Sie Spaemanns Einschätzung der »aufkommenden Fortschritts- und Technikkritik vieler Jugendlicher« (Z. 139 f.) mit der Lübbes (Text 1.6).


## Zu 2.1 (Brecht)

*Bertolt Brecht* (1898–1956) studierte zunächst Medizin und Naturwissenschaften, wurde dann aber bald Dramaturg, Regisseur und Schriftsteller. Nach seinem Exil von 1933–1948 lebte er bis zu seinem Tod in Ost-Berlin und leitete zusammen mit seiner Frau, der Schauspielerin Helene Weigel, das »Berliner Ensemble«. Neben zahlreichen Theaterstücken und Erzählungen schrieb Brecht auch theoretische Abhandlungen über Philosophie, Politik und Dramaturgie. Die Kalendergeschichte ›Das Experiment‹ wird hier ungekürzt abgedruckt.

Weitere Informationen:
Eine erste Einführung zu Brecht gibt Marianne Kestings rowohlt-monographie (Bd. 37).
Zu Brechts philosophischer Bedeutung: Manfred Riedel, Bertolt Brecht und die Philosophie. In: Neue Rundschau 82 (1971), S. 65–85; ferner: Brechts TUI-Kritik. Argument-Sonderband AS 11 (1976); siehe auch das Themenheft ›Marx‹ der Zeitschrift für Didaktik der Philosophie 3 (1983), dort besonders: Jörg Petersen, Brecht über Philosophie, S. 162–171.
Zur Verantwortung der Wissenschaft bei Brecht: Der TUI-Roman (Fragment); Leben des Galilei. Siehe auch: Materialien zu Brechts ›Leben des Galilei‹. Frankfurt/M.: Suhrkamp 1963 (edition suhrkamp 44), besonders S. 7–39.
Zu Francis Bacon: Text 1.2 und die Informationen.
Zum biographischen Hintergrund von Brechts Erzählung: »Er (Bacon) starb an den Folgen einer Erkältung, die er sich zugezogen hatte, als er die Möglichkeit,

Lebensmittel durch Kälte zu konservieren, experimentell erproben wollte« (Günter Gawlick, Empirismus. Geschichte der Philosophie in Text und Darstellung, Bd. 4. Stuttgart: Reclam 1980, S. 26).
Zum Experiment: Carl Gustav Hempel, Philosophie der Naturwissenschaften. München: Deutscher Taschenbuch Verlag 1974 (Wissenschaftliche Reihe Bd. 4144), S. 11–14 und 15–18 (zur »Arbeit von Semmelweis über das Kindbettfieber«); zur philosophischen Deutung des experimentellen Zugriffs auf Wirklichkeit: Martin Heidegger, Die Zeit des Weltbildes. In: ders., Holzwege. Frankfurt/M.: Vittorio Klostermann $^4$1963, besonders S. 74–80; zum Verhältnis von Subjekt und Objekt im Experiment: Carl Friedrich von Weizsäcker, Das Experiment. In: ders., Zum Weltbild der Physik. Stuttgart: S. Hirzel Verlag $^{10}$1963, S. 169–183.

\*

1. Charakterisieren Sie das Lehrer-Schüler-Verhältnis des Philosophen und des Jungen.
2. Zeigen Sie an einem Beispiel, wie Beschreiben, Erkennen und Behandeln von Dingen zusammenhängen (vgl. Z. 42–46). Erläutern Sie die Rolle, die dabei wertende Ausdrücke spielen (vgl. Z. 46–62).
3. Verdeutlichen Sie den Zusammenhang von »Begreifen«, »Greifbarem« und Begriff (vgl. Z. 63–65).
    \* Informieren Sie sich über »Empirismus« und »Rationalismus«.
4. Beschreiben Sie die einzelnen Schritte des Experiments von Bacon und Dick. Nach welchen Leitbegriffen lassen sich die Schritte einteilen?
5. Informieren Sie sich über »Eisschrank« (den es nur noch in Erinnerung an »Großmutters Zeiten« und in Slapsticks aus der Stummfilmzeit gibt), »Kühlschrank« und »Kältetechnik«.
6. Geben Sie eine Interpretation des Experiments Bacons und Dicks und seiner praktischen Bedeutung vom heutigen Wissensstand her.
7. Worin besteht das wissenschaftliche Verhalten Bacons und Dicks und das alltägliche (unwissenschaftliche) Verhalten ihrer Umgebung (der Großmutter, des Kurats, des Gelehrten, des Kochs)? Sammeln Sie einzelne Fakten und geben Sie hierfür allgemeine Merkmale an (Personen, Fakten und Merkmale ließen sich gut in einer Tabelle zuordnen).
8. Diskutieren Sie den Zusammenhang von Moral und Wissenschaft am Verhalten Bacons, Dicks und ihrer Umgebung.
    \* Informieren Sie sich über Bacons »Idolenlehre« im ›Novum Organon‹, I. Buch, §§ 58–62 (siehe die Informationen zu 1.2).
9. Fassen Sie zusammen: Was ist ein Experiment?

## Zu 2.2 und 2.3 (Popper)

*Sir Karl Raimund Popper* (geboren 1902) ist einer der führenden Wissenschaftstheoretiker der Gegenwart. Er versucht wissenschaftliche Methoden auch bei der Lösung sozialer und politischer Probleme anzuwenden. Nach Poppers kritischem Rationalismus sind unsere Beobachtungen und Auffassungen immer schon in eine umfassende Interpretation eingebunden. Diese Interpretationen und das, was mit ihnen erklärt und gedeutet wird, bedarf einer ständigen Überprüfung. Daher wendet sich Popper gegen jede Form eines Positivismus, der von unmittelbaren »Gegebenheiten« ausgeht (lat. positum: das Gegebene), seien es beobachtbare Tatsachen (Protokollsätze), geistige Wesenheiten bzw. Ideen oder gesellschaftlich-politische Dogmen. Popper lehrte bis 1937 in Wien, danach in Neuseeland und war 1949–1969 Professor für Logik und Methodologie an der Londoner School of Economics and Political Science.
Schriften u.a.: Logik der Forschung (zuerst 1934, danach viele, verbesserte Auflagen); Die offene Gesellschaft und ihre Feinde, 2. Bde. (1945; deutsch 1957/58); Das Elend des Historizismus (1965); Objektive Erkenntnis (1972; deutsch 1973, 4. überarbeitete und ergänzte Auflage 1984); Das Ich und sein Gehirn (mit J. Eccles, 1977); Ausgangspunkte. Meine intellektuelle Entwicklung (1979); Auf der Suche nach einer besseren Welt (1984).
Der Textauszug ist dem Buch ›Objektive Erkenntnis‹ entnommen. Der erste Teil von 2.2 (bis Z. 42) ist einem Text entnommen, der auf einen Vortrag von 1970 zurückgeht, der zweite Teil einem Vortragstext aus dem Jahr 1948; der Text 2.3 ist eine Fortsetzung dieses zweiten Teils. Die Grundidee des Buches ›Objektive Erkenntnis‹ ist die Unterscheidung von drei »Welten«: »erstens die Welt der physikalischen Gegenstände oder physikalischen Zustände; zweitens die Welt der Bewußtseinszustände oder geistigen Zustände oder vielleicht der Verhaltensdispositionen zum Handeln; und drittens die Welt der objektiven Gedankeninhalte, insbesondere der wissenschaftlichen und dichterischen Gedanken und der Kunstwerke« (S. 123). Die dritte Welt hängt von der Tätigkeit der zweiten ab, den menschlichen Handlungen, Gedanken, Schöpfungen usw., und wirkt auf sie und die erste, physikalische Welt zurück. Der Zusammenhang ließe sich im einzelnen besonders deutlich an der gegenwärtigen »wissenschaftlich-technischen Welt« demonstrieren: sie ist von uns Menschen gemacht, wenn auch nicht von unserem Belieben abhängig, sie bestimmt unser Handeln und verändert unsere Umwelt. Die dritte Welt ist nach Popper keine in sich abgeschlossene, unveränderliche »Gegebenheit«, wenn sie auch eine objektive Geltung hat. Sie ist nie vollständig erkennbar, sondern letzter Zielpunkt oder Telos unseres Erkennens und Handelns. Poppers Objektivismus und Teleologie sind umstritten. Die Textauszüge stellen jedoch Grundideen bereit, die gegenwärtig Ausgangspunkt der weiteren wissenschaftstheoretischen Kontroversen sind.

Weitere Informationen:
Zur Philosophie der Naturwissenschaft: Carl Gustav Hempel (siehe die Informationen zu Brecht, Text 2.1);
einen historisch-systematischen Überblick über den Begriff der Wissenschaft gibt: Wolfgang Detel, Wissenschaft. In: E. Martens/H. Schnädelbach (Hrsg.), Philosophie – ein Grundkurs. Reinbek bei Hamburg: Rowohlt 1985 (rowohlts enzyklopädie 408), S. 172–216;
zum Mythos: Carl Friedrich von Weizsäcker, Die Tragweite der Wissenschaft. 1. Bd. Stuttgart: S. Hirzel Verlag 1964; zweite Vorlesung: Kosmogonische Mythen; Kurt Hübner, Die Wahrheit des Mythos. München: C. H. Beck 1985; siehe unter »Mythos« auch im Historischen Wörterbuch der Philosophie; zum Alltagsverstand und seiner Kritik: Charles Sanders Peirce, Die Festlegung einer Überzeugung (ein Textauszug etwa in: E. Martens u. a. (Hrsg.), Diskussion, Wahrheit, Handeln. Materialien für die Sekundarstufe II/Philosophie. Hannover: Schroedel 1975, Text 2.2);
siehe auch: Arno Plack, Philosophie des Alltags. Stuttgart: Deutsche Verlagsanstalt 1979; ›Alltag und Philosophie‹. In: Studia Philosophica Vol. 40 (1980).

*

Zu 2.2:
1. Erläutern Sie Poppers These »*alle Wissenschaft und alle Philosophie ist aufgeklärter Alltagsverstand*« (Z. 24 f.) an seinem Beispiel der »Theorie, die Erde sei flach« (Z. 18).
   * Versuchen Sie weitere Beispiele zu finden.
2. Welche Probleme sieht Popper bei der Aufklärung des Alltagsverstandes? Welche Probleme sehen Sie selber?
3. Inwiefern ist die »Kübeltheorie« (nicht nur für den Alltagsverstand) naheliegend, die »Scheinwerfertheorie« jedoch nach Popper wahr (vgl. Z. 43–79)? Überprüfen Sie beide Modelle an Poppers Beispiel »die Erde ist flach« (auch an Ihren eigenen Beispielen).
4. Worin besteht nach Popper der Übergang vom Mythos zur Wissenschaft (vgl. Z. 82–131)? Informieren Sie sich über die von ihm genannten Beispiele (etwa bei: H. Diels, Die Fragmente der Vorsokratiker. Reinbek bei Hamburg: Rowohlt 1957. Rowohlts Klassiker Bd. 10).
   * Lesen Sie zur Kritik am Mythos: Platons Kritik an den Göttererzählungen der Dichter, besonders Homers, in: Staat, 2. Buch, 377b–383c und 10. Buch, 595a–608b; siehe auch Aristoteles' »Aufhebung« (Kritik, Anknüpfen und Fortentwickeln) des Mythos durch seine Prinzipien-Lehre in: Metaphysik, 1. Buch, Kap. 3–5 bzw. 10; Begründung seiner eigenen Prinzipien-Lehre: Kap. 1–2.

Zu 2.3:
1. Erläutern Sie Poppers Darlegungen über die Aufgabe der Wissenschaft an seinem Beispiel der »Leiche« (Z. 29 ff.):
   – Erklärung
   – Voraussage
   – technische Anwendung.
2. Analysieren Sie mit Hilfe der Popperschen Darlegungen Brechts Erzählung ›Das Experiment‹ (Text 2.1).

## Zu 2.4 (Patzig)

*Günther Patzig*, geboren 1926, studierte Philosophie und klassische Philologie, absolvierte eine Referendarsausbildung, lehrte zuerst an der Hamburger, ab 1962 an der Göttinger Universität Philosophie. Patzig veröffentlichte u. a.: Die aristotelische Syllogistik (1959); Sprache und Logik (1970); Ethik ohne Metaphysik (1971); Der Unterschied zwischen subjektiven und objektiven Interessen und seine Bedeutung für die Ethik (1978); Patzig ist Herausgeber mehrerer Schriften Gottlob Freges.
Der Textauszug aus dem Artikel ›Erklären und Verstehen‹ (im Sammelband: Tatsachen, Normen, Sätze) ist vor allem um die Schlußpassage gekürzt, in der Patzig kritisch auf Gadamers ›Wahrheit und Methode‹ (1960) als Repräsentanten der Hermeneutik und auf Habermas' ›Erkenntnis und Interesse‹ (1968) als Repräsentanten der Dialektik (des Neomarxismus) eingeht.

Weitere Informationen:
Im Reclam-Band, aus dem der Text entnommen ist, kann für das Thema auch Patzigs Aufsatz ›Das Problem der Objektivität und der Tatsachenbegriff‹ für unseren Zusammenhang von Interesse sein;
zum Thema »Wissenschaft« allgemein: siehe die Informationen zu 2.1 (Brecht) und 2.2/2.3 (Popper).

*

1. In der ›Vereinbarung zur Neugestaltung der gymnasialen Oberstufe in der Sekundarstufe II vom 7. 7. 1972‹ der Kultusministerkonferenz ist im ›Einführenden Bericht‹ unter 2.3 die Rede von der »Notwendigkeit, allen Schülern grundlegende wissenschaftliche Verfahrens- und Erkenntnisweisen systematisierend und problematisierend zu vermitteln«; in der ›Vereinbarung‹ selbst heißt es zum Pflichtbereich unter 4.1–4.5 (a. a. O., Neuwied 1976, Luchterhand):

4.1 [...]
In den Aufgabenfeldern, in Religionslehre und im Sport soll jeder Schüler der Oberstufe die vorher erworbenen Kenntnisse oder Fertigkeiten vertiefen und erweitern. Grundlegende Einsichten in fachspezifische Denkweisen und Methoden sollen durch geeignete Themenwahl und Unterrichtsformen exemplarisch für jedes Aufgabenfeld vermittelt werden. Philosophische Fragen, die diese Aufgabenfelder durchziehen, sollen berücksichtigt werden.
4.2
Im sprachlich-literarisch-künstlerischen Aufgabenfeld dient das Fach Deutsch vor allem dem Studium der Muttersprache. Es vermittelt unter anderem Einsicht in sprachliche Strukturen und fördert die Fähigkeit zu sprachlicher Differenzierung unter Berücksichtigung der verschiedenen Ebenen sprachlicher Kommunikation (z.B. Umgangssprache, wissenschaftliche Sprache). Diese Einsichten werden erweitert durch die Kenntnisse, die durch angemessene Beherrschung von mindestens einer Fremdsprache gewonnen werden. Kurse in Literatur, Musik und Bildender Kunst sollen zum Verständnis künstlerischer Mittel und Formen, menschlicher Möglichkeiten und soziologischer Zusammenhänge führen.

4.3
Im gesellschaftswissenschaftlichen Aufgabenfeld werden gesellschaftliche Sachverhalte in struktureller und historischer Sicht erkennbar gemacht. Durch geeignete, auch fächerübergreifende Themenwahl sollen Einsichten in historische, politische, soziale, geographische, wirtschaftliche und rechtliche Sachverhalte sowie insbesondere in den gesellschaftlichen Wandel seit dem industriellen Zeitalter und in die gegenwärtigen internationalen Beziehungen und deren Voraussetzungen vermittelt werden.
4.4
Im mathematisch-naturwissenschaftlich-technischen Aufgabenfeld sollen Verständnis für den Vorgang der Abstraktion, die Fähigkeit zu logischem Schließen, Sicherheit in einfachen Kalkülen, Einsicht in die Mathematisierung von Sachverhalten, in die Besonderheiten naturwissenschaftlicher Methoden, in die Entwicklung von Modellvorstellungen und deren Anwendung auf die belebte und unbelebte Natur und in die Funktion naturwissenschaftlicher Theorien vermittelt werden.
4.5
Der Unterricht in Religionslehre stellt die Grundlage und Lehre der jeweiligen Religionsgemeinschaft dar; er soll Einsichten in Sinn- und Wertfragen des Lebens vermitteln, die Auseinandersetzung mit Ideologien, Weltanschauungen und Religionen ermöglichen und zu verantwortlichem Handeln in der Gesellschaft motivieren. [...]

- – Ziehen Sie zum Vergleich mit der Passage aus dem ›Einführenden Bericht‹ die entsprechenden Äußerungen bei Patzig (Z. 56–67) heran.
- – Charakterisieren sie die unterschiedlichen »wissenschaftlichen Verfahrens- und Erkenntnisweisen«, die für die drei Aufgabenfelder in der ›Vereinbarung‹ angesprochen werden.
- – Lassen sich die Aufgabenfelder bzw. die Unterrichtsfächer als wissenschaftlich und nicht-wissenschaftlich einteilen? Welche Kriterien legen Sie dabei zugrunde?
- – In der ›Vereinbarung‹ heißt es unter 4.1 »Philosophische Fragen, die diese Aufgabenfelder durchziehen, sollen berücksichtigt werden«. Welche »philosophischen Fragen« haben Sie zu den drei Aufgabenfeldern? Werden diese Fragen im Unterricht berücksichtigt?
2. Klären Sie Ihr eigenes Vorverständnis von »erklären« und »verstehen«.
3. Gliedern Sie Patzigs Text in Haupt- und Unterabschnitte (mit Zeilenangaben).
4. Welche Thesen stellt Patzig auf und wie begründet er sie im folgenden?
5. Vergleichen Sie »den von den Zeitgenossen (Diltheys) atemberaubend erlebten Aufschwung der experimentellen Naturwissenschaften« (Z. 9 f.) mit ihrer heutigen Einschätzung. (Dilthey lebte 1833–1911.)
6. »Der Autofahrer kam ums Leben, weil er mit einem Blutalkoholgehalt von 2,3 Promille bei 120 Stundenkilometern von der Straße abkam und gegen einen Baum fuhr« (Z. 235–237).
   - – Geben Sie für diese Meldung
     eine »alltägliche Erklärung« (Z. 233) und
     eine »wissenschaftliche Erklärung« nach dem »H-O-Modell« (Z. 119 f.).
   - – Auf welche verschiedene Weisen kann man die Meldung »verstehen«?
   - – Wie müßte ein Kriminalbeamter, der mit dem Fall befaßt ist, die Meldung umformulieren? Erläutern Sie die einzelnen Schritte seiner Untersuchung bzw. seines Experiments.

- Welche Rolle spielt das »einfühlende Verstehen« des Kriminalbeamten bei der Untersuchung des Falles?
    * Lesen Sie auch: Thomas A. Sebeok/Jean Umiker-Sebeok, »Du kennst meine Methode«. Charles S. Peirce und Sherlock Holmes. Frankfurt/M.: Suhrkamp 1982 (edition suhrkamp. Neue Folge Bd. 121).
7. Heißt »alles verstehen« auch »alles verzeihen« (»Ich verstehe Dich sehr gut, aber . . .«)?
8. Gibt es einen »idealen« Hörer« (Z.427) bei der Übersetzung?
9. Überlegen Sie Grenzen des Verstehens und Erklärens.
10. Worin liegt die »Wissenschaftlichkeit« (vgl. Z. 446 f.) der Geschichts-, Sprach- und Literaturwissenschaft nach Patzig? Überprüfen Sie Ihr anfangs formuliertes Vorverständnis.


## Zu 2.5 (Needham)

*Joseph Needham* wurde 1900 geboren; er studierte Biochemie und lehrte seit 1924 an der Universität Cambridge. Seit 1936 beschäftigte er sich, angeregt durch seine Mitarbeiterin, die chinesische Biochemikerin Lu Gwei-djen, mit interkulturellen Vergleichen in der Wissenschaftsgeschichte. Needham lernte Chinesisch und arbeitete 1942–1946 in China. 1954 erschien der erste Band seines bisher siebenbändigen Werkes ›Science and Civilisation in China‹. Needham vertritt die Grundthese eines »wissenschaftlichen Universalismus« mit kulturellen, spezifischen Ausprägungen: Wissenschaft und Technik haben weltweit dieselben Strukturen, wenn auch in unterschiedlicher Realisierung. Damit wendet er sich gegen einen eurozentristischen Monopolanspruch auf dem Gebiet der neuzeitlichen Wissenschaft.
In seinem Aufsatz, dessen Schlußteil der Textauszug bringt, geht Needham vor allem auf philosophische Schulen und wissenschaftliche Entdeckungen (Medizin, Astronomie etc.) der Chinesen ein.
In der Einleitung zu der von ihm herausgegebenen und übersetzten Aufsatzsammlung Needhams weist Tilman Spengler auf die negative Einschätzung der chinesischen Wissenschaft durch die meisten Europäer hin, etwa durch die Jesuitenmissionare, Hegel, Herder, Marx, Engels und Weber. Erst mit Needham, teilweise bereits mit Wittfogel, habe eine gerechtere Beurteilung der chinesischen Wissenschaftsgeschichte begonnen.

Weitere Informationen:
Zu den Entstehungsbedingungen der neuzeitlichen Wissenschaft in Europa: Wolfgang Büchel, Gesellschaftliche Bedingungen der Naturwissenschaft. München: C.H. Beck 1975, zu China: S. 64 f., zum 17. Jahrhundert in Europa: S. 51–62.
Die Entstehungsgeschichte der Wissenschaften von der Altsteinzeit bis zur Gegenwart beschreibt (aus marxistischer Sicht): John Desmond Bernal, Wissenschaft. 4 Bde. Reinbek bei Hamburg: Rowohlt 1970 (engl. 1954).

Die sprachlichen Entstehungsbedingungen von Wissenschaft bei den Griechen, etwa den bestimmten Artikel zur Bildung von Substantiven und somit von festen Substanzvorstellungen, betont: Bruno Snell, Die naturwissenschaftliche Begriffsbildung im Griechischen. In: ders., Die Entdeckung des Geistes. Hamburg: Claassen 1955, S. 299–320.

*

1. Informieren Sie sich in Lexika über die Erfindung von Buchdruck, Schießpulver und (magnetischem) Kompaß in Europa.
2. Vergleichen Sie Bacons Einschätzung dieser drei Erfindungen (Text 1.2, Z. 56–121) mit der bei den Chinesen.
3. Vergleichen Sie die unterschiedlichen Entstehungsbedingungen von Wissenschaft und Technik in China und in Europa (vgl. Z. 114–172). Als zusätzliche Information kann folgendes Zitat von Needham (a. a. O. S. 173) dienen:

> Im Westen scheinen die Kaufleute besonders eng mit der Physik verbunden gewesen zu sein, die in China stets besonders rückständig war, sieht man einmal von der aufregenden praktischen Entwicklung des magnetischen Kompasses ab. Vielleicht läßt sich dies auf das Bedürfnis der Kaufleute nach genauen Messungen zurückführen, ohne die der Handel kaum durchführbar war. Der Kaufmann mußte sich für die Eigenschaften der Dinge interessieren, mit denen er handelte. Er mußte wissen, wieviel sie wogen, wozu man sie gebrauchen konnte, in welchen Größen sie verfügbar waren, welche Behälter man zu ihrem Transport brauchte usw. In dieser Richtung könnte man nach der Verbindung zwischen einer merkantilen Zivilisation und den exakten Wissenschaften suchen. Doch neben der Handelsware gab es auch den Transport. Die Kaufleute der Stadtstaaten Europas verfolgten stets mit besonderem Interesse alle Entwicklungen auf dem Gebiete des Schiffbaus.
> Wenn dies richtig ist, dann müssen wir in der Verhinderung des Aufstiegs der Kaufleute den Grund für das Nichtentstehen moderner Wissenschaft und Technologie in der chinesischen Kultur sehen.

4. Überprüfen Sie Needhams Ausführungen zum Zusammenhang von Handel und Wissenschaft anhand der Tabelle mit den wissenschaftlichen Entdeckungen und historischen Daten im 17. Jahrhundert (zu Swift, Text 1.3). Schlagen Sie auch in Geschichtsbüchern und Lexika nach.
*5. Ziehen Sie zum Zusammenhang von zweckfreier Wissenschaft und Gesellschaft auch Aristoteles heran (Text 3.2, besonders die Textstellen im Arbeitsvorschlag 3).

## Zu 3.1 (Platon)

*Platon* (427–347 v. Chr.) stammte aus dem führenden Athener Adel und war schon dadurch für eine glänzende politische Karriere geradezu vorherbestimmt. Allerdings veranlaßten ihn die politischen Umstände und die geistig-moralische Gesamtverfassung seiner Heimatstadt Athen, sich der Philosophie zuzuwenden, wie er in seinem autobiographischen Siebenten Brief schreibt. Athen hatte den Peloponnesischen Krieg (431–404 v. Chr.), den Kampf um die Vorherrschaft über Griechenland, gegen Sparta verloren. Platon lehnte beide politischen Richtungen Athens ab: die spartafreundliche, auf »Zucht und Ordnung« ausgerichtete oligarchische Politik der »Dreißig Tyrannen« (zu denen auch Platons Verwandte gehörten, siehe unten) nach der Niederlage Athens; aber auch die Politik der Demokraten in der Tradition eines Perikles lehnte er ab, die schließlich die spartafreundliche Regierung vertreiben konnten. Denn die »Dreißig Tyrannen« hatten ein grausames Regime geführt; die Demokraten hatten 399 Platons hochverehrten Lehrer Sokrates wegen »Gottesfrevel« und »Jugendverderbung« zum Tode verurteilt und hingerichtet (siehe Platons Dialoge ›Apologie‹, ›Kriton‹ und ›Phaidon‹). Auch standen sie nach Platons Meinung in Gefahr, in Ochlokratie, eine »Herrschaft der Massen«, umzuschlagen. Platon sah die einzige Rettung der Polis in einer Neubegründung des Wissens und Handelns nach Maßstäben überprüfbarer Vernunft. Die traditionelle Orientierung an Dichtung und Göttermythos (Homer, Hesiod) hatte schon Xenophanes als brüchig erwiesen, noch radikaler wurde sie von den Sophisten kritisiert. Die Ausweitung des Handelns und die Koloniengründung in Kleinasien, Unteritalien und Sizilien hatten den Erfahrungshorizont der Griechen erweitert und die Handlungsorientierung der eigenen Polis relativiert. Dieser Prozeß wurde durch die Kriegswirren zusätzlich verstärkt. Platon suchte zwischen Dogmatismus der Tradition und Relativismus einen dritten Weg. Nicht die *eine,* feste Meinung der Tradition oder die *vielen* Meinungen jedes beliebigen sollten gelten, sondern nur das begründete Wissen. In seiner nie systematisch dargelegten »Ideenlehre« bemüht sich Platon zu klären, was begründetes Wissen oder »Rechenschaftgeben« nach der Maxime seines Lehrers Sokrates bedeutet. Seine um 387 gegründete »Akademie«, die erste »Universität« Europas, sollte in theoretischer Arbeit auf politische Praxis vorbereiten. Platons eigenen Vesuche jedoch, in Syrakus auf Sizilien einen Staat nach seinen Vorstellungen aufbauen zu helfen, scheiterten. Seine Philosophie dagegen wirkt bis in die Gegenwart hinein anregend und provozierend.
Platons Schriften unterteilt man in drei Gruppen: die sokratischen Frühdialoge über einzelne »Tugenden« (Laches, Euthyphron, Kritias, Apologie etc.), die mittleren Dialoge über das Wissen und die Ideen (Menon, Phaidon, Theätet, Staat, Parmenides etc.), die späteren Dialoge über Naturphilosophie und konkrete Gesetzgebung (Timaios, Gesetze etc.); siehe etwa die Schleiermacher-Übersetzung bei Rowohlt oder einzelne Neuübersetzungen bei Reclam.
Der Textauszug gehört zum Schlußteil des ›Charmides‹, eines sokratischen Frühdialogs, der von der Besonnenheit handelt oder, wie das griechische »so-phrosyne« wörtlich zu übersetzen und wie es im Dialog auch deutlich verstanden wird, von der »Gesundheit der Seele«. Unterredner des Sokrates sind der junge Charmides und sein älterer Vetter und Vormund Kritias, beides enge Verwandte Platons und Mit-

glieder der »Dreißig Tyrannen«, Kritias sogar als ihr besonders brutaler Anführer. Nach mehreren Definitionsversuchen endet der Dialog ergebnislos, aporetisch. Sophrosyne oder »Gesundheit der Seele« scheint eine Praxis aus einem bestimmten Wissen heraus zu sein.

Weitere Informationen:
Außer den beiden rowohlt-monographien von Gottfried Martin über Sokrates (Bd. 128) und Platon (Bd. 150) gibt eine gute Darstellung der Philosophie Platons: Jürgen Mittelstraß, Platon. In: O. Höffe (Hrsg.), Klassiker der Philosophie. Bd. I. München: C. H. Beck 1981, S. 38–62.
Zum Stichwort »Demokratie«: Moses I. Finley, Antike und moderne Demokratie. Stuttgart: Reclam 1980 (Reclams Universalbibliothek 9966), dort besonders das dritte Kapitel ›Sokrates und die Folgen‹, S. 76–106.
Zum Problem der Wissenskontrolle in der gegenwärtigen Gesellschaft: Jürgen Habermas, Technik und Wissenschaft als »Ideologie«. Frankfurt/M.: Suhrkamp 1968 (edition suhrkamp 268).

*

1. Worin liegt nach Sokrates der Nutzen einer rein *formalen* Wissenskontrolle (etwa: Logik, Argumentations- und Wissenschaftstheorie) und einer *inhaltlichen* Wissenskontrolle (»wissen, was man weiß und was nicht«, Z. 16)?
2. Wie hängen beide Formen von Wissenskontrolle zusammen (worauf Sokrates hier nicht näher eingeht)?
   * Ziehen Sie auch die Ergebnisse Ihrer bisherigen Arbeit besonders zu 1.2 (Bacon) und 2.1–2.5 heran.
3. Inwiefern ist nach Platon Wissenskontrolle notwendig, aber nicht hinreichend?
4. Diskutieren Sie an einem Beispiel aus der Gegenwart die Kritik des Sokrates. Überlegen Sie Möglichkeiten, wie die Wissenskontrolle »besser« werden könnte.
*5. Lesen Sie zum Verhältnis von Wissenschaft bzw. Technik und Politik: Jürgen Habermas, Technik und Wissenschaft als »Ideologie« (siehe oben), S. 127–145 (das dezisionistische, technokratische und demokratische Modell).


## Zu 3.2 (Aristoteles)

*Aristoteles* (384–322 v. Chr.) war der berühmteste Schüler Platons (siehe zu 3.1). Nach dessen Tod verließ er Athen und wurde am makedonischen Hof Lehrer Alexanders des Großen (die Überlieferung ist nicht gesichert). Später kehrte er nach Athen zurück und gründete eine eigene Schule, das »Lykeion«. Mit Aristoteles etablierte sich die Philosophie als Fachwissenschaft; auf ihn geht ihre Einteilung in einzelne Disziplinen wie Logik, Naturphilosophie und Ethik zurück wie auch ihre Fachterminologie. Aristoteles lehnte eine Trennung der Idee oder des Allgemeinen (universale) von den Einzeldingen nach Art der Platoniker (nicht auch Platons) ab und bezog deshalb in die Forschungstätigkeit seiner »Universität« auch die empirische Einzelforschung ein. Im Gegensatz zur Dialogform Platons hat er vor allem Lehrschriften (Vorlesungsmanuskripte) verfaßt, als Konsequenz der fachphilosophischen Entwicklung. Die Philosophie des Aristoteles hat den »Universalienstreit« des Mittelalters, und auch noch der Neuzeit, sowie insbesondere in ihrem theologischen Teil die Lehre des Thomas von Aquin geprägt, für den er »der Philosoph« schlechthin war.

Werke u. a.: Logische Schriften (Kategorienschrift, Lehre vom Satz, Analytiken); Physik (Naturphilosophie); Metaphysik; Nikomachische Ethik; Politik; Über die Seele; Über die Dichtkunst; naturwissenschaftliche Schriften.

Der erste Textauszug (A) ist dem I. Buch der ›Metaphysik‹ entnommen. Der Titel des Werkes war zunächst editionstechnisch gemeint; die Buchrollen hinter (metá) denen über die »Physik« (tà physiká). Inhaltlich bedeutete der Titel dann: was jenseits der sinnlich wahrnehmbaren Welt liegt, die »Transzendenz« (lat. transcendere: übersteigen), das Göttliche. Seine Theologie entfaltet Aristoteles besonders im XII. Buch der ›Metaphysik‹. Der zweite Textauszug (B) stammt aus der ›Nikomachischen Ethik‹, die nach dem Sohn des Aristoteles Nikomachos, dem Herausgeber der Schrift, benannt ist.

Weitere Informationen:
Eine gute Einführung in die Philosophie des Aristoteles gibt: Otfried Höffe, Aristoteles. In: ders. (Hrsg.), Klassiker der Philosophie, Bd. I. München: C. H. Beck 1981, S. 63–94;
auch: D. J. Allan, Die Philosophie des Aristoteles. Hamburg: Meiner 1955; ferner die rowohlt-monographie von J. M. Zemb (Bd. 63).
Zum aristotelischen Begriff »theōría«: J. Ritter, Vom Ursprung und Sinn der Theorie bei Aristoteles. Köln 1953; G. Redlow, Theoria. Berlin (Ost) 1966 (Redlow hebt die materialistische, auf konkrete Zwecke ausgerichtete Schau der Außenwelt bei den Griechen hervor, etwa bei Herodot);
zum Ursprung der »theōría« siehe auch: Herodot, Historien II 109 (etwa im Goldmann-Taschenbuch 767); Herodot versteht die Geo-metrie in ihrer ursprünglichen Bedeutung als Land-vermessung, die wegen der jährlichen Nilüberflutungen in Ägypten notwendig war, um die Abgaben für die Pharaonen jeweils neu festzulegen.

*

1. Wie unterscheidet Aristoteles (in Text A) die Einzelwissenschaften, »philosophischen Wissenschaften« (Z. 59) und die »erste Philosophie« (Z. 65)?
   Fertigen Sie eine Tabelle mit Zuordnung der jeweiligen Gegenstandsbereiche an.
2. Wie begründet Aristoteles (in Text B) das Glück der »geistigen Schau« (Z. 1)?
3. Fassen Sie die Argumente des Aristoteles zur »Zweckfreiheit« der reinen Theorie zusammen.
   * Ziehen Sie hierfür auch die folgenden Stellen aus der ›Metaphysik‹ heran:

[...]
die Erfahrenen kennen nur das Daß *(tò hóti)*, aber nicht das Warum *(dihóti)*; jene aber kennen das Warum und die Ursache *(aitía)*. Deshalb stehen auch die leitenden Künstler in jedem einzelnen Gebiete bei uns in höherer Achtung, und wir meinen, daß sie mehr wissen und weiser sind als die Handwerker, weil sie die Ursachen dessen, was hervorgebracht wird, wissen, während die Handwerker manchen leblosen Dingen gleichen, welche zwar etwas hervorbringen, z.B. das Feuer Wärme, aber ohne das zu wissen, was es hervorbringt; wie jene leblosen Dinge nach einem natürlichen Vermögen *(phýsis)* das hervorbringen, was sie hervorbringen, so die Handwerker durch Gewöhnung *(éthos)*. Nicht nach der größeren Geschicklichkeit zum Handeln schätzen wir dabei die Weisheit ab, sondern darum bezeichnen wir die leitenden Künstler als weiser, weil sie im Besitz des Begriffes sind und die Ursachen kennen.
[...]
Bei weiterem Fortschritte in der Erfindung von Künsten, teils für die notwendigen Bedürfnisse, teils für den Genuß des Lebens, halten wir die letzteren immer für weiser als die ersteren, weil ihr Wissen nicht auf den Nutzen *(chrêsis)* gerichtet ist. Als daher schon alles Derartige geordnet war, da wurden die Wissenschaften gefunden, die sich weder auf die notwendigen Bedürfnisse *(anankaîa)* noch auf das Vergnügen *(hēdoné)* des Lebens beziehen, und zwar zuerst in den Gegenden, wo man Muße *(scholázein)* hatte. Daher bildeten sich in Ägypten zuerst die mathematischen Wissenschaften (Künste), weil dort dem Stande der Priester Muße gelassen war.
[...]
Daß sie (die höchste Wissenschaft, Hrsg.) aber nicht auf ein Hervorbringen *(poiētiké)* geht, beweisen schon die ältesten Philosophen. Denn Verwunderung *(thaumázein)* veranlaßte zuerst wie noch jetzt die Menschen zum Philosophieren, indem man anfangs über die unmittelbar sich darbietenden unerklärlichen Erscheinungen sich verwunderte, dann allmählich fortschritt und auch über Größeres sich in Zweifel einließ, z.B. über die Erscheinungen an dem Monde und der Sonne und den Gestirnen und über die Entstehung des All.
(Quelle: Aristoteles, Metaphysik. Übers. von H. Bonitz. Reinbek bei Hamburg: Rowohlt 1966, S. 10–13; I. 1, 981 a28–981b6, b17–25; 2, 982 b11–17.)

*4. Vergleichen Sie die aristotelische Wissenschaftsauffassung mit der Bacons (Text 1.2).
5. Welche Grundvoraussetzung des Aristoteles fällt heute (in der Regel) bei der Rechtfertigung »zweckfreier Forschung« weg? Benutzen Sie für Ihre Antwort Ihre Ergebnisse zum Arbeitsvorschlag 1.
6. Diskutieren Sie das Problem der Wissenschaftsfreiheit nach GG Art. 5.3 »Kunst und Wissenschaft, Forschung und Lehre sind frei«.

## Zu 3.3 (Weber)

*Max Weber* (1864–1920) war Nationalökonom und Soziologe; er lehrte in Freiburg, Heidelberg und München. Weber begründete die Sozialwissenschaft als strenge Wissenschaft, indem er ihr eine rein beschreibende Methode zuwies und jede Wertaussage aus ihr ausschloß. Er versteht wissenschaftliche Vernunft zweckrational: sie hat nach vorgegebenen Werten (letzten weltanschaulichen Entscheidungen) den Wirkungszusammenhang von Mitteln und Zwecken sowie deren Ober-Zwecken zu analysieren, kann aber keine Wertaussagen machen.

Hauptwerke: Gesammelte Aufsätze zur Religionssoziologie, 2 Bde. (1920–21); Wirtschaft und Gesellschaft (1921); Gesammelte Aufsätze zur Wissenschaftslehre (1922); . . . zur Soziologie und Sozialpolitik (1924); . . . zur Sozial- und Wirtschaftsgeschichte (1924).
Der Textauszug ist Webers berühmter Rede ›Wissenschaft als Beruf‹ (zuerst 1919) entnommen, in der er für strikte Wertneutralität der Wissenschaftler eintritt, in klarer Abgrenzung zur »Politik als Beruf«.

Weitere Informationen:
Zu Weber: D. Käsler (Hrsg.), Max Weber. Sein Werk und seine Wirkung. München: C. H. Beck 1972.
Siehe zum Thema »Wertfreiheit« auch: Th. W. Adorno/H. Albert/R. Dahrendorf/J. Habermas/H. Pilot/K. R. Popper, Der Positivismusstreit in der deutschen Soziologie. Neuwied/Berlin: Luchterhand 1969 (Auseinandersetzung über die – auch für die Studentenproteste dieser Zeit wichtige – Frage, ob Wissenschaft wertneutral sei oder immer schon in gesellschaftliche Interessenszusammenhänge eingebunden sei; die erste Position wurde den Positivisten oder genauer den kritischen Rationalisten unterstellt, die zweite Position schrieben sich die neomarxistischen Dialektiker zu); zur Frage, wie man die faktisch unvermeidlichen Wertungen der Wissenschaften rechtfertigen kann: F. Kambartel/J. Mittelstraß (Hrsg.), Zum normativen Fundament der Wissenschaft. Frankfurt/M.: Athenäum 1973; dort besonders die Beiträge von Jürgen Mittelstraß (S. 1–69) und Kuno Lorenz (S. 79–90);
zur Trennung von öffentlichem (bürgerlichem) und wissenschaftlichem Gebrauch der Redefreiheit des Wissenschaftlers: Immanuel Kant, Beantwortung der Frage: Was ist Aufklärung? (1784).

\*

1. Wägen Sie den Fortschritt der modernen wissenschaftlich-technischen Welt ab, indem Sie die »größere Kenntnis der Lebensbedingungen« eines »Wilden« (Z. 15 f.) mit unserer Kenntnis vergleichen.
  \* Ziehen Sie auch Ihre Ergebnisse zum Text von Böhme (1.5) heran.
2. Erläutern Sie die »Entzauberung der Welt« (Z. 33 f.) am folgenden Beispiel:

*Archäologen-Krankheit aufgeklärt*

»Der Tod berührt mit seinen Flügeln den, der hier eintritt«, dies verkündet drohend eine Inschrift am Grab *Tut-Ench-Amuns*. Der Fluch des Pharaonen traf nicht nur Lord *Carnavon,* der die berühmte Grabstätte 1922 entdeckte. Gut zwei Dutzend Archäologen mußten es mit ihrem Leben bezahlen, daß sie den Bann der heiligen Gräber gebrochen hatten. Ihr Tod blieb mysteriös und geheimnisumwoben, sie galten als »Racheopfer« der alten Herrscher.
Die Medizin nun hat den Bann gebrochen, den Mythos enthüllt: Histoplasma capsulatum, ein sporenbildender Pilz, ist der mutmaßliche Erreger der pulmonalen Infektionen, die als Befund bei den meisten Todesfällen beschrieben sind. Mit dem Staub wird er eingeatmet und führt dann nach rund zwei Wochen Inkubationszeit zur primären Lungeninfektion mit Fieber, Dyspnoe und Thoraxschmerzen.
[. . .]

Dank moderner Medikamentation, als Mittel der Wahl gilt Amphotericin B, sind Archäologen heute gut gefeit, der Fluch der Pharaonen scheint gebannt.
(Quelle: Münch. med. Wschr. 127 (1985) Nr. 3)

3. Worin besteht der Fortschritt der neuzeitlichen Wissenschaft nach Weber?
  * Stellen Sie Webers Auffassung der von Spaemann (Text 1.7) gegenüber.
4. Versuchen Sie sich den Unterschied von »lebensgesättigt« (Z. 50) und »lebensmüde« (Z. 55) anhand konkreter Beispiele zu vergegenwärtigen (siehe auch den Imhof-Text 1.4).
5. Was leistet nach Weber die Wissenschaft (vgl. Z. 69 ff.)?
6. Worin besteht nach Weber die »Klarheit« (Z. 79 f.) durch Wissenschaft bzw. Philosophie?
7. Welche Pflichten und welche Grenzen hat der »Lehrer« (Z. 103) nach Weber zu beachten? Stimmen Sie Weber zu, etwa für den Bereich der Schule?
8. Verwickelt sich Weber in einen Widerspruch, wenn er einerseits die »letzte weltanschauungsmäßige Grundposition« (Z. 102) als persönliche Entscheidung auffaßt, andererseits aber die Wissenschaft für jeden verbindlich in den »Dienst ›sittlicher‹ Mächte« (Z. 114) stellt?
9. Diskutieren Sie abschließend Wissenschaft »um ihrer selbst willen« (Z. 3). Welche Position vertritt Weber, wie begründet er sie und ist sie haltbar?

## Zu 3.4 (Nietzsche)

*Friedrich Wilhelm Nietzsche* (1844–1900) war Sohn eines protestantischen Pfarrers. Nach einer humanistischen Schulbildung in Schulpforta studierte er klassische Philologie. Bereits 1869 wurde er auf eine Professur für dieses Fach nach Basel berufen, mußte aber zehn Jahre später wegen einer beginnenden Krankheit dieses Amt niederlegen. Bis 1889 schrieb Nietzsche als freier Schriftsteller die meisten seiner Werke. Danach wurde er unheilbar geisteskrank.
Nietzsches Werke teilt man gewöhnlich in drei Phasen ein. In seinen Frühschriften tritt er für ein ästhetisch-heroisches Menschenbild nach dem Vorbild der griechischen Tragödie ein und steht unter dem Einfluß Arthur Schopenhauers und Richard Wagners (Die Geburt der Tragödie aus dem Geiste der Musik, 1871; die Vorträge ›Über die Zukunft unserer Bildungsanstalten‹, 1870/72; ›Unzeitgemäße Betrachtungen‹, 1873–1876). In seiner zweiten Phase wendet er sich gegen die Metaphysik, die er ironisch als »Hinterwelt« (vgl. zum Terminus *Metaphysik* die Inf. zu 3.2) bezeichnet (Menschliches, Allzumenschliches, 1878–80; Morgenröte, 1881; Die fröhliche Wissenschaft, 1882). In seiner Spätphase nimmt Nietzsche Motive seiner Frühzeit auf, die er radikalisiert in Begriffen wie *Wille zur Macht, Übermensch, Umwertung aller Werte* (Also sprach Zarathustra, 1883–85; Jenseits von Gut und Böse, 1886; Zur Genealogie der Moral, 1887; als z.T. verfälschtes Nachlaßwerk herausgegeben: Der Wille zur Macht).
Der Textauszug ist ein in sich abgeschlossener Abschnitt (§ 344) aus Nietzsches 1882 erschienenem Werk ›Die fröhliche Wissenschaft‹, dort: Fünftes Buch ›Wir Furchtlosen‹.

Weitere Informationen:
Eine Kritik an der Wahrheits-»Metapher« übt Nietzsche auch in ›Über Wahrheit und Lüge im außermoralischen Sinn‹ (1873); Wahrheit bedeute, aus (gesellschaftlichen) Nützlichkeitsgründen »nach einer festen Konvention zu lügen«. Zu Platon (siehe Z. 65) vergleiche Text 3.1 und das Höhlengleichnis im VII. Buch des ›Staates‹ (514a–517a); die »Idee des Guten« wird in der christlichen Interpretation mit dem »Göttlichen« oder »Gott« gleichgesetzt, ähnlich das höchste Seiende bei Aristoteles (Text 3.2).
Zur Notwendigkeit der Wahrheitsvoraussetzung siehe Habermas' »Bestimmungen der idealen Sprechsituation« (etwa in: Jürgen Habermas, Vorbereitende Bemerkungen zu einer Theorie der kommunikativen Kompetenz. In: J. Habermas/N. Luhmann, Theorie der Gesellschaft oder Sozialtechnologie. Frankfurt/M.: Suhrkamp 1971, besonders S. 123–141).
Zu Nietzsches Philosophie siehe neben Ivo Frenzels rowohlt-monographie (Bd. 115) auch Josef Simon, Nietzsche. In: O. Höffe (Hrsg.), Klassiker der Philosophie, Bd. II. München: C. H. Beck 1981, S. 203–224.
Ferner: das Themenheft ›Nietzsche‹ der Zeitschrift für Didaktik der Philosophie 3 (1984), besonders Volker Gerhardt, Hundert Jahre nach Nietzsche. Zur philosophischen Aktualität Nietzsches für die Philosophie (S. 127–137); siehe auch die verschiedenen Unterrichtsvorschläge und den Literaturüberblick.

\*

1. Lesen Sie als Beispiel für den von Nietzsche behaupteten Wahrheitswillen der Wissenschaftler (noch einmal) den Weber-Text 3.3 über die »Klarheit« als höchstes Ziel.
2. Rekonstruieren und prüfen Sie Nietzsches Argumentationsschritte, »inwiefern auch wir noch fromm sind«.
3. Läßt sich Nietzsche selber in seiner Argumentation von einem »Nützlichkeits-Kalkül« (Z. 38) oder von einem »unbedingten Willen zur Wahrheit« (Z. 18) leiten?
4. Was ließe sich auf Nietzsches Frage nach den Konsequenzen antworten, »wenn Gott selbst sich als unsere längste Lüge erweist« (Z. 67 f.)?
5. Kann man auf die Wahrheits-Hypothese beim Argumentieren und beim wissenschaftlichen Arbeiten verzichten? Wie müßte man sie möglicherweise genauer formulieren?
   \* Ziehen Sie auch Poppers Behauptung einer »dritten Welt« heran (Text 2.2 und 2.3), ebenso Platons Auseinandersetzung mit dem Homo-mensura-Satz des Protagoras im ›Theätet‹, besonders 151e–183c (etwa in der Übersetzung bei Reclam).

## Zu 3.5 (Meyer-Abich)

*Klaus Michael Meyer-Abich* (geboren 1936) studierte Mathematik, Physik und Philosophie, promovierte mit einer Arbeit über Niels Bohr und war Mitarbeiter am Starnberger »Max-Planck-Institut zur Erforschung der Lebensbedingungen der wissenschaftlich-technischen Welt« bei C. F. von Weizsäcker; seit 1972 lehrte er als Professor für Naturphilosophie an der Universität Essen. Dort leitete er auch die interdisziplinäre Arbeitsgruppe Umwelt, Gesellschaft, Energie (AUGE). Nach mehreren politischen Tätigkeiten (Enquête-Kommission des Bundestages für »Zukünftige Energiepolitik«, Berater von H. J. Vogel im Wahlkampf 1983) ist er seit 1984 in Hamburg Senator für Wissenschaft und Forschung.

Neben Arbeiten zur klassischen Philosophie veröffentlichte Meyer-Abich verschiedene Untersuchungen zu aktuellen politischen Problemen; u. a.: Korrespondenz, Individualität und Komplementarität. Eine Studie zur Geistesgeschichte der Quantentheorie in den Beiträgen Niels Bohrs (1965); Frieden mit der Natur (Hrsg., 1979); Was braucht der Mensch, um glücklich zu sein? Bedürfnisforschung und Konsumkritik (mit D. Birnbacher, Hrsg., 1979); Wie möchten wir in Zukunft leben – Der »harte« und der »sanfte« Weg (mit B. Schefold, 1981).

Der Textauszug ›Wege zum Frieden mit der Natur‹ ist Meyer-Abichs 1984 veröffentlichtem gleichnamigen Buch entnommen. Seinen Terminus »Frieden mit der Natur« haben sich inzwischen viele Politiker zu eigen gemacht. In seinem Buch erläutert Meyer-Abich das Konzept des Friedens mit der Natur von seinen philosophischen Grundlagen her und in seinen konkreten, politischen Konsequenzen. Dabei stellt er dem »anthropozentrischen« Weltbild, nach dem die Welt nichts als die Umwelt des Menschen ist, ein »physiozentrisches« Weltbild entgegen, nach dem die Welt die Mitwelt des Menschen ist. Wir sind danach »Beobachter und Teilnehmer« der Natur (Niels Bohr); diese hat ihre eigenen Rechte, nicht lediglich nach Maßgabe unserer Interessen. In seiner Konzeption erinnert Meyer-Abich an Einsichten der antiken Naturphilosophie, vor allem Platons, an Einsichten Goethes und Schellings sowie an Entwicklungen der modernen Physik der Quantentheorie, etwa Niels Bohrs.

Weitere Informationen:
Zum Thema Philosophie und Ökologie siehe auch: Dieter Birnbacher (Hrsg.), Ökologie und Ethik. Stuttgart: Reclam 1980; Günther Patzig, Ökologische Ethik – innerhalb der Grenzen bloßer Vernunft. Göttingen: Vandenhoeck & Ruprecht 1983; Hans Sachsse, Ökologische Philosophie, Natur – Technik – Gesellschaft. Darmstadt: Wissenschaftliche Buchgesellschaft 1984.

*

1. Wie unterscheidet Meyer-Abich »Umwelt« und »Mitwelt«? Von welchem Menschenbild geht er dabei aus? (Vgl. Z. 7–24.)
2. Sprechen Sie die »Erklärung der Rechte der Natur« (Z. 27 ff.) in den einzelnen Punkten durch (zur näheren Erläuterung könnte auf die vorangegangenen Abschnitte aus Meyer-Abichs Buch zurückgegriffen werden). Versuchen Sie dabei, die Punkte an einem konkreten Beispiel zu diskutieren.

3. Stellen Sie zur Frage der Verantwortung bei der Anwendung von Wissenschaft die beiden im Text unterschiedenen Modelle gegenüber (vgl. Z. 60–114). Wählen Sie für Ihre Diskussion ein aktuelles Beispiel.
*4. Ziehen Sie zum Vergleich die Stücke von Dürrenmatt ›Die Physiker‹ und Kipphardt ›Der Fall Oppenheimer‹ heran.
5. Wie versucht Meyer-Abich die Trennung von Natur- und Geisteswissenschaften zu überwinden? Welche Rolle soll dabei die Philosophie spielen? (Vgl. Z. 115–159.)
6. Beziehen Sie Meyer-Abichs Überlegungen auf die Situation der Schulfächer. Welche Probleme und Lösungsvorschläge sehen Sie hier?
*7. Vergleichen Sie zur Beziehung von Natur- und Geisteswissenschaften Patzigs Text (2.4).


## Zu 3.6 (von Weizsäcker)

*Carl Friedrich Freiherr von Weizsäcker* (geboren 1912) stammt aus einer Politiker- und Gelehrtenfamilie; er studierte Physik, besonders bei Bohr und Heisenberg, um besser Philosophie zu verstehen, ohne die für ihn keine bessere Politik möglich ist – ein Platon des 20. Jahrhunderts. Für das Denken und Handeln Weizsäckers ist die Entdeckung der Kernspaltung und damit der Atombombe bestimmend geworden. Zu Kriegsende wurde er mit anderen deutschen Atomwissenschaftlern ein Jahr lang interniert. 1957 gehörte er zu den Verfassern des ›Göttinger Manifests‹ von achtzehn Atomphysikern (u. a. Bohr, Hahn, Heisenberg), die sich erfolgreich gegen die Atombewaffnung der Bundeswehr wandten und jegliche Mitarbeit daran verweigerten. Auch in der Folgezeigt nahm er zu aktuellen politischen Fragen wie Zivilschutz, Hunger in der Welt, Energiepolitik und atomare Nachrüstung Stellung. Zunächst lehrte Weizsäcker theoretische Physik, ab 1956 als Professor für Philosophie an der Universität Hamburg; 1970 wurde er zum Leiter des neu gegründeten Starnberger »Max-Planck-Instituts zur Erforschung der Lebensbedingungen der wissenschaftlich-technischen Welt« berufen, ab 1971 zusammen mit Jürgen Habermas, bis zu seiner Emeritierung. Das Institut wurde 1980 in seinem ursprünglichen Arbeitsbereich geschlossen. 1979 lehnte Weizsäcker eine Kandidatur als Bundespräsident ab (siehe seinen Brief an Willy Brandt, abgedruckt in: Der bedrohte Friede, S. 486–488); 1983 gehörte er zu den Beratern von H. J. Vogel im Bundeswahlkampf.
Die Veröffentlichungen Weizsäckers kreisen vor allem um Probleme der Philosophie Platons und Kants, der Naturphilosophie, Quantenlogik und der aktuellen Politik sowie um anthropologische und religiöse Fragen, u.a.: Zum Weltbild der Physik (1943, seitdem viele, erweiterte Neuauflagen); Die Tragweite der Wissenschaft (1964); Die Einheit der Natur (1971); Wege in der Gefahr (1976); Der Garten des Menschlichen (1977); Deutlichkeit (1978); Der bedrohte Friede. Politische Aufsätze 1945–1981 (als Taschenbuch 1983); Wahrnehmung der Neuzeit (1983); Der Aufbau der Physik (1985). Der ungekürzt abgedruckte Text erschien zuerst am 10. 10. 1980 in DIE ZEIT; er wurde in der Aufsatzsammlung ›Der bedrohte Friede‹ erneut abgedruckt.

Weitere Informationen:
Zu Carl Friedrich von Weizsäcker: Klaus Michael Meyer-Abich (Hrsg.), Physik, Philosophie und Politik. Festschrift für Carl Friedrich von Weizsäcker zum 70. Geburtstag. München: Hanser 1982.
Zum Zusammenhang von Kunst und Mathematik (vgl. Z. 253–257): Werner Heisenberg, Die Bedeutung des Schönen in der exakten Naturwissenschaft. In: ders., Quantentheorie und Philosophie. Vorlesungen und Aufsätze. Stuttgart: Hirzel 1979, S. 91–114.
Zum Verhältnis wissenschaftlicher und mythologischer Vernunft: Kurt Hübner, Die Wahrheit des Mythos. München: C. H. Beck 1985; siehe auch: ders., Wissenschaftliche und nichtwissenschaftliche Naturerfahrung. In: Philosophia Naturalis 8 (1980), S. 67–86.

\*

*Vorbemerkung* zu den Arbeitsvorschlägen: Weizsäckers Artikel faßt die wichtigsten der in diesem Kurs behandelten Aspekte des Themas »Wissenschaft und Alltag« zusammen und spitzt sie zu auf den »Versuch, den Erkenntnisbegriff erkennend zu verändern« (Z. 261). Er mutet uns damit »jene äußerste Anstrengung der Wahrheitssuche (zu) . . ., die man eben Philosophie nennt« (Z. 263 f.). Vielleicht können einige Arbeitsvorschläge helfen, sich schrittweise gemeinsam mit dem Autor dieser Anstrengung zu unterziehen. Der Text erschließt sich erst nach mehrmaliger Lektüre, und besonders im Schlußteil nur annäherungsweise. Seine Schwierigkeit liegt jedoch in der verhandelten Sache selbst und sollte daher den Leser nicht mutlos machen.

1. Wie charakterisiert Weizsäcker den Einfluß der Wissenschaft auf die Siebziger- und auf die Achtzigerjahre?
   Vergleichen Sie hiermit Ihre eigenen Erfahrungen und Überlegungen aus der bisherigen Kursarbeit.
2. Worin besteht nach Weizsäcker die Krise der neuzeitlichen Wissenschaft, worin ihre mögliche Überwindung und die Ablehnung der beiden anderen Lösungswege?
   \* Vergleichen Sie hierzu insbesondere die Texte von Bacon (1.2), Lübbe (1.6) und Spaemann (1.7).
3. Zum Verständnis der Thesen A bis D innerhalb der dritten Hauptthese vom notwendigen »besseren Verständnis der kulturellen Rolle der Wissenschaft« (Z. 80) empfiehlt sich ein Rückgriff auf einige Texte in dem vorliegenden Materialienband; auch sollte man sehen, wie sich die Thesen A bis D reflexiv, d. h. »zurückbeugend« auf die jeweils vorige entwickeln.
   zu A (reine Erkenntnis): Aristoteles (3.2) und Weber (3.3); zur Kritik siehe Nietzsche (3.4);
   zu B (reine Erkenntnis (A) und Weltveränderung): eine Skizze könnte die Unterscheidung der Merkmale des »tierischen Verhaltensschemas« und des »handlungsentlastenden Denkens« (Z. 144 f.) verdeutlichen helfen;

zu C (Verantwortung der Wissenschaft, (B) zu erkennen bzw. wahrzunehmen): Bacon (1.2);

zu D (Konsequenzen aus (C): Begriff der Erkenntnis selbst verändern): zum Zusammenhang von Theorie – Praxis – Technik siehe Aristoteles (3.2).

4. Inwiefern konnte die antike Philosophie, etwa die »erste Philosophie« eines Aristoteles, auf die »lebenswichtigen Fragen« (Z. 230) eine Antwort geben?
5. Worin besteht die Einengung der »modernen wissenschaftlichen Wahrheitssuche« (Z. 226)? (Eine Lektüre von Weber, Text 3.3, und Wittgenstein, Tractatus logico-philosophicus 6.5 bis 7 (Schluß) könnte die Frage zusätzlich beantworten helfen.)
6. Geben Sie Beispiele dafür, daß wir »in unser aller Alltag« wahrnehmen können, worauf es für unser »Leben ankommt« (Z. 234–238).
Überlegen Sie die Grenzen einer solchen Wahrnehmung.
7. Welche Rolle weist Weizsäcker der Religion und der Kunst zu?
8. Diskutieren Sie folgendes Beispiel:

> Wenn ich in meiner Wiese liege, was nehme ich wahr? Ich sagte: ein Summen – nein, die Bienen – nein, den Frieden der Natur. Ist dieser Affekt des Friedens, der doch zugleich ein Affekt des Schönen ist, bloß subjektiv oder ist er die Wahrnehmung von etwas Wirklichem? Er ist eine Wahrnehmung. Was er wahrnimmt, nennt die heutige Wissenschaft das ökologische Gleichgewicht. Da haben wir einen wissenschaftlichen Namen dafür, dann geht's schon leichter. Die Evolution hat vor mehr als hundert Millionen Jahren zur gleichzeitigen Herausbildung zweier organischer Formen geführt, die aufeinander angewiesen sind: der Blütenpflanzen, die durch Farbe, Form und Duft Insekten zur Bestäubung anlocken, und derjenigen Insekten, die vom Blütenstaub und Nektar leben. Viel später hat sich der Mensch in dieses Gleichgewicht hineinentwickelt, und als Sammler, als Ackerbauer, als Viehzüchter ist der Mensch auf Produkte dieses Gleichgewichts, auf diese Pflanzen oder die diese Pflanzen essenden Tiere angewiesen. Wenn der Mensch dieses Gleichgewicht als schön wahrnimmt, so nimmt er die Harmonie wahr, im Beispiel der Wiese sinnlich dargestellt, die Harmonie, ohne die er nicht leben könnte.
> (Quelle: C. F. von Weizsäcker, Das Schöne. In: ders., Der Garten des Menschlichen. München: Hanser 1977, S. 141.)

9. Welche praktischen Konsequenzen würde ein veränderter Erkenntnisbegriff enthalten? (Gehen Sie die Thesen A bis D noch einmal durch.)
10. Fassen Sie zusammen: Worin liegt die »Verzerrung« (Z. 260) des Erkenntnisbegriffs, worin ihre (lebensnotwendige) Überwindung?
11. Diskutieren Sie das Paradoxon, daß »Philosophie für uns Menschen zu schwer ist«, wir aber dennoch Philosophie als »äußerste Anstrengung der Wahrheitssuche« (Z. 263 f., vgl. Z. 20 f.) versuchen müssen und offensichtlich auch können.
*12. Lesen Sie zum Paradoxon des sokratischen »Ich weiß, daß ich nichts weiß« die Dialoge ›Laches‹ und die ›Apologie‹, zumindest noch einmal den Textauszug aus Platons ›Charmides‹ (3.1).

# Literaturhinweise und Quellenverzeichnis

## I. Philosophische Wörterbücher (Auswahl)

1. Handbuch philosophischer Grundbegriffe. Studienausgabe, 6 Bände. Hrsg. v. H. Krings, H. M. Baumgartner, Ch. Wild. München: Kösel 1973.
2. Historisches Wörterbuch der Philosophie. Hrsg. v. J. Ritter u. a. Basel: Schwabe 1971 ff. (Bisher sind 6 Bände erschienen, A–O).
3. Kleines philosophisches Wörterbuch. Hrsg. v. M. Müller u. A. Halder. Freiburg: Herder [8]1980 (Herderbücherei Bd. 398).
4. Marxistisch-Leninistisches Wörterbuch der Philosophie. Hrsg. v. G. Klaus und M. Buhr. Reinbek: Rowohlt 1972 (rororo Bd. 6155–57).
5. Philosophie. Neubearbeitung. Hrsg. v. A. Diemer und I. Frenzel. Frankfurt/M.: Fischer 1967 (Fischer Lexikon Bd. 11).
6. Philosophisches Wörterbuch. Begr. v. H. Schmidt, neubearb. v. G. Schischkoff. Stuttgart: Kröner [20]1978 (Kröners Taschenausgabe Bd. 13).
7. Wörterbuch der philosophischen Begriffe. Hrsg. v. J. Hoffmeister. Hamburg: Meiner [2]1955.

## II. Philosophiegeschichten (Auswahl)

1. Aster, E. v.: Geschichte der Philosophie. 17. von E. Martens ergänzte Aufl. Stuttgart: Kröner 1980 (Kröners Taschenausgabe Bd. 108).
2. Bärthlein, K. (Hrsg.): Zur Geschichte der Philosophie. Einführende Darstellung, Kritik, Literaturangaben. 1. Bd.: Von der Antike bis zur Aufklärung. Hannover: Schroedel 1977.
3. Störig, H. J.: Kleine Weltgeschichte der Philosophie. 2 Bde. Frankfurt/M.: Fischer 1976 (Fischer Taschenbuch 6135/36).
4. Ueberweg, F.: Grundriß der Geschichte der Philosophie. 4 Bde. (Seit Ueberwegs Tod, 1871, fortgef. u. erw. v. B. Heinze, nach dessen Tod, 1909, von K. Praechter). Nachdruck 1951–53. Basel: Verlag Schwabe. Neubearbeitung in Vorbereitung.
5. Vorländer, K.: Geschichte der Philosophie. 5 Bde. Reinbek: Rowohlt 1963 ff. (rowohlt deutsche enzyklopädie 183/84, 193/94, 242/43, 261/62, 281/82).
6. Weischedel, W.: Die philosophische Hintertreppe. 34 große Philosophen in Alltag und Denken. München: Deutscher Taschenbuch Verlag [2]1976 (dtv 1119).
7. Windelband, W.: Lehrbuch der Geschichte der Philosophie. Mit einem Schlußkapitel »Die Philosophie im 20. Jahrhundert« und einer »Übersicht über den Stand der philosophiegeschichtlichen Forschung.« Hrsg. v. H. Heimsoeth. Tübingen: Mohr [16]1976.
8. Geschichte der Philosophie in Text und Darstellung. Hrsg. v. R. Bubner. 8 Bde. Stuttgart: Reclam 1978 ff.

## III. Einführungen und Bestimmungen der Philosophie (Auswahl)

1. Adorno, Theodor W.: Philosophische Terminologie. 2 Bde. Frankfurt/M.: Suhrkamp 1974 (stw Bd. 23 u. 50).
2. Bloch, Ernst: Tübinger Einleitung in die Philosophie. 2 Bde. Frankfurt/M.: Suhrkamp 1963/64 (edition suhrkamp Bd. 11 u. 58).
3. Habermas, Jürgen: Wozu noch Philosophie? In: Habermas: Philosophisch-politische Profile. Frankfurt/M.: Suhrkamp 1971. S. 11–36.

4. Höffe, Otfried (Hrsg.): Klassiker der Philosophie. 2 Bde. München: C.H. Beck 1981.
5. Hoerster, Norbert (Hrsg.): Klassiker des philosophischen Denkens. 2 Bde. München: Deutscher Taschenbuch Verlag 1982.
6. Lenk, Hans: Philosophie im technologischen Zeitalter. Stuttgart: Kohlhammer 1971 (Urban Taschenbücher Bd. 807).
7. Martens, Ekkehard/Schnädelbach, Herbert (Hrsg.): Philosophie – ein Grundkurs. Reinbek bei Hamburg: Rowohlt 1985 (rowohlts enzyklopädie Bd. 408).
8. Stegmüller, Wolfgang: Hauptströmungen der Gegenwartsphilosophie. Bd. I–II. Stuttgart: Kröner $^6$1976 u. 1975 (Kröner Taschenausgabe Bd. 308 u. 309).
9. Warnock, Geoffry J.: Englische Philosophie im 20. Jahrhundert. Stuttgart: Reclam 1971 (engl. 1969), (RUB Nr. 9309–11).
10. Wuchterl, Kurt: Methoden der Gegenwartsphilosophie. Bern/Stuttgart: Haupt 1977 (Uni-Taschenbücher Band. 646).
11. Wuchterl, Kurt: Lehrbuch der Philosophie. Probleme – Grundbegriffe – Einsichten. Bern/Stuttgart: Haupt 1984 (Uni Taschenbücher Bd. 1320).

## IV. Zum Thema des Kurses (zusätzlich zu den Informationen im Arbeitsteil):

1. Materialien für den Unterricht (Textsammlungen):
R. Bensch/W. Trutwin, Wissenschaftstheorie (Patmos); K.-H. Delschen/J. Gieraths, Philosophie der Technik (Diesterweg); R. Hahn/H.G. Neugebauer, Naturdeutungen und Naturbeherrschung (Bagel); B. Heller, Texte zur Philosophie der Wissenschaft. Textband/Kommentar (Bayerischer Schulbuch-Verlag); R. Lay, Texte zum naturwissenschaftlichen Weltbild. Textband/Kommentar (Bayerischer Schulbuch-Verlag); A. Müller/A. Reckermann, Wissenschaftstheorie (Aschendorff); J. Ossner/M. Rumpf/J. Vahland, Kurs Alltagsphänomene in philosophischer Sicht. Texte/Lehrband (Quelle & Meyer); W. de Schmidt, Wege wissenschaftlichen Erkennens (Bagel).
2. Zur Unterrichtspraxis (Didaktik und Methodik):
   – Zeitschrift für Didaktik der Philosophie: Philosophie und Alltag (2/79); Interdisziplinarität (1/80); Wissenschaft (4/81); Naturphilosophie (4/85).
   – Philosophie. Anregungen für die Unterrichtspraxis: Wissenschaftstheorie. H. 7 (1982).
   – Engfer, Hans-Jürgen (Hrsg.): Philosophische Aspekte schulischer Fächer und pädagogischer Praxis. München/Wien/Baltimore: Urban & Schwarzenberg 1978.
   – Schnädelbach, Herbert: Probleme der Wissenschaftstheorie. Eine philosophische Einführung. Kurseinheit 1: Grundfragen philosophischer Wissenschaftstheorie. Kurseinheit 2: Grundstrukturen der Erfahrungswissenschaften. Bd. 3302/1/01/S1 u. 3302/1/02/S1. Fernuniversität Hagen 1980.
   – Ströker, Elisabeth/Püllen, Karl/Hahn, Rainald/Neugebauer, Hans Gerhard: Wissenschaftstheorie der Naturwissenschaften. Grundzüge ihrer Sachproblematik und Modelle für den Unterricht. Freiburg/München: Alber 1981 (ausführliches Literaturverzeichnis S. 365–397).
   – Neugebauer, Hans Gerhard: Wissenschaftstheorie und Wissenschaftspropädeutik im Philosophieunterricht. Zur Kritik philosophiedidaktischer Gemeinplätze. Phil. Diss. Köln 1983 (zu »Wissenschaft und Alltag« S. 255 ff.).
3. Nachschlagewerke:
   – Braun, Edmund/Rademacher, Hans (Hrsg.): Wissenschaftstheoretisches Lexikon. Graz: Styria 1978.
   – Mittelstraß, Jürgen (Hrsg.): Enzyklopädie Philosophie und Wissenschaftstheorie. Mannheim: Bibliographisches Institut 1980 ff. (bisher 2 Bde., A–O).
   – Speck, Josef (Hrsg.): Handbuch wissenschaftstheoretischer Begriffe. 3 Bde. Göttingen: Vandenhoeck & Ruprecht 1980.
   – Seiffert, Helmut: Einführung in die Wissenschaftstheorie. 1. Bd.: Sprachanalyse – Deduktion – Induktion in Natur- und Sozialwissenschaften. 2. Bd.: Geisteswissenschaftliche Methoden: Phänomenologie – Hermeneutik und historische Methode – Dialektik. 3. Bd.: Handlungstheorien, Modallogik, Ethik, Systemtheorien. München: C.H. Beck 1969/70 und 1985 (elementare Einführungen mit vielen Beispielen; andere Nachschlagewerke sollten hinzugezogen werden).

4. Besonders hingewiesen sei noch einmal auf folgende Literaturangaben im Arbeitsteil (siehe auch die Angaben zu den Autoren der Texte):
   - Büchel, Gesellschaftliche Bedingungen der Naturwissenschaft (siehe zu 2.5).
   - Detel, Wissenschaft (zu 2.2/2.3).
   - Hempel, Philosophie der Naturwissenschaften (zu 2.1).
   - Kambartel/Mittelstraß (Hrsg.), Zum normativen Fundament der Wissenschaft (zu 3.3).
   - Lenk, Zur Sozialphilosophie der Technik (zu 1.6).
   - Plack, Philosophie des Alltags (zu 2.2/2.3).
5. Ergänzend sind folgende Bücher bzw. Artikel zum Thema »Wissenschaft und Alltag« zu empfehlen:
   - Duerr, Hans Peter (Hrsg.): Der Wissenschaftler und das Irrationale. 1. Bd.: Beiträge aus Ethnologie und Anthropologie. 2. Bd.: Beiträge aus Philosophie und Psychologie. Frankfurt/M.: Syndikat 1981. (Die Beiträge behandeln nicht-wissenschaftliche Wissensformen wie Hexenglaube, Medizinmänner, Wahrsager, Mystik, Magie etc. und diskutieren die Grenzen von Rationalität.)
   - Feyerabend, Paul: Erkenntnis für freie Menschen. Frankfurt/M.: Suhrkamp 1979 (veränderte Ausgabe 1980). (Mit dem Slogan »Bürgerinitiativen statt Wissenschaftstheorie« plädiert Feyerabend dafür, daß sich die Betroffenen von der Bevormundung durch Wissenschaftsexperten befreien und selber über die Einrichtung und den Gebrauch von wissenschaftlichen Institutionen, Projekten, Methoden und Ergebnissen entscheiden sollen; Magie, Astrologie, Hexenkunst, Indianerweisheit etc. sollen die gleichen (Markt-)Chancen haben wie die staatlich monopolisierte Wissenschaft, vor allem in Schule und Universität.)
   - Horkheimer, Max: Zur Kritik der instrumentellen Vernunft. Frankfurt/M.: Fischer 1985 ($^1$1967; engl. Eclipse of Reason 1947), (Fischer Wissenschaft Bd. 7355). (Horkheimer hat seine berühmt gewordenen Vorträge 1944 an der Columbia University, New York, gehalten. Er kritisiert die neuzeitliche Wissenschaft im Gefolge eines Bacon und Descartes als Einengung auf bloße Zweckrationalität, etwa bei Weber, die nur noch die angemessenen, effektiven Mittel zu vorgegebenen, irrationalen Zwecken bestimmen könne. Die »Automatisierung« der Gesellschaft drohe ihre »Humanisierung«, ihre vernünftigen Zwecke zu verhindern.)
   - Husserl, Edmund: Die Krisis der europäischen Wissenschaften und die transzendentale Phänomenologie. Husserliana Bd. VI. Den Haag: Martinus Nijhoff 1962. (Husserl sieht in der neuzeitlichen, mathematisierten Wissenschaft einen Verlust ihrer »Lebensbedeutsamkeit«, wie sie in der Antike gegeben sei; er versucht ihre Neubegründung in den Lebensvollzügen des vernünftigen Subjekts.)
   - Lenk, Hans/Staudinger, Hansjürgen/Ströker, Elisabeth (Hrsg.): Ethik der Wissenschaften. Bd. 1: Ethik der Wissenschaften? Philosophische Fragen (E. Ströker). Bd. 2: Entmoralisierung der Wissenschaften? Physik und Chemie (H. M. Baumgartner/H. Staudinger). Humane Experimente? Genbiologie und Psychologie (H. Lenk). Paderborn: Schöningh/München: Fink 1984 ff. (Vorträge und Diskussionsbeiträge.)
   - Mittelstraß, Jürgen: Wissenschaft als Lebensform. Reden über philosophische Orientierungen in Wissenschaft und Universität. Frankfurt/M.: Suhrkamp 1982 (stw Bd. 376). (Mittelstraß versteht Wissenschaft als vernünftige Orientierung im Sinne des sokratischen »Rechenschaftgeben« und zeigt, welche Rolle sie im heutigen Lehr- und Forschungsbetrieb sowie in der Öffentlichkeit spielt bzw. spielen sollte.)
   - Otto, Gunter u.a. (Hrsg.): Bildschirm. Faszination oder Information. Friedrich, Jahresheft III. Velber: Friedrich Verlag 1985. (Das Heft enthält eine Fülle von Informationen, Diskussionen und Unterrichtshilfen zum Thema »Computer« im Schulalltag und in der Öffentlichkeit.)
   - Pirsig, Robert M.: Zen und die Kunst ein Motorrad zu warten. Frankfurt/M.: Fischer 1978 (Fischer Taschenbuch Bd. 2020), (engl. Zen and the Art of Motorcycle Maintenance, 1974). (In seiner unterdessen zum Kultbuch gewordenen Erzählung beschreibt der ehemalige Computerfachmann Pirsig eine Motorradfahrt mit seinem Sohn quer durch die USA. Pirsig war bei der Suche nach der Vernünftigkeit seiner wissenschaftlich-technischen Arbeit, Erziehung und Kultur verzweifelt und hatte 1953 bis 1955 offensichtlich in einer Nervenheilanstalt gelebt. Die Motorradfahrt als »Reise zu sich selbst« führt ihn dazu, den Zusammenhang von westlicher, wissenschaftlich-technischer Rationalität und östlicher, meditativer Rationalität zu sehen und gerade dadurch weder die eine noch die andere Form von Rationalität einseitig und blind abzulehnen oder zu übernehmen: »Der Buddha, die Gottheit wohnt in den Schaltungen eines Digitalrechners oder den Zahnrädern eines Motorradgetriebes genauso bequem wie auf einem Berggipfel oder im Kelch einer Blüte«, S. 24.)

- Schulz, Walter: Philosophie in der veränderten Welt. Pfullingen: Neske 1972. (Schulz behandelt im ersten Kapitel seines Buches »Verwissenschaftlichung«, S. 11–245, die Wissenschaft als die »eigentlich bestimmende Größe unserer Epoche«. Er arbeitet den fundamentalen Unterschied von antiker, kontemplativer und neuzeitlicher, eingreifender Wissenschaft heraus und erklärt von diesem Unterschied her die technologische Weltveränderung sowie den Szientismus als Wissenschaftstheorie und gelebte Praxis. Die praktischen Konsequenzen des Subjekt-Objekt-Zusammenhangs von Wissenschaft und Welt zieht Schulz im Schlußkapitel ›Verantwortung‹.)
- Soeffner, Hans-Georg: Alltagsverstand und Wissenschaft – Anmerkungen zu einem alltäglichen Mißverständnis. In: P. Zedler/H. Moser (Hrsg.): Aspekte qualitativer Sozialforschung. Studien zur Aktionsforschung, empirischer Hermeneutik und reflexiver Sozialtechnologie. Opladen: Leske u. Budrich 1983, S. 13–50. (In überarbeiteter Form unter demselben Titel auch als Kurs der Fernuniversität Hagen erschienen.) (Soeffner betont die Notwendigkeit wissenschaftlicher »Abgehobenheit« vom Alltag, um kritische Distanz und Veränderungsmöglichkeit zu gewinnen. Im Anschluß an Alfred Schütz unterscheidet er scharf zwischen »Lebenswelt« als »umgreifendem Sinnhorizont« und »Alltag« als »finitem Sinnbereich« mit spezifischem Erkenntnisstil. Zu beiden Stichworten enthält der Aufsatz einen guten Überblick über die Forschungsliteratur.)
- Willms, Bernard: Philosophie die uns angeht. Reihe: Aktuelles Wissen. Hrsg. von R. Proske. Gütersloh: Bertelsmann 1975. (Im Kapitel ›Philosophie der Wissenschaft‹, S. 29–83, geht Willms von der krisenhaften Situation der wissenschaftlich-technischen Welt aus, gibt einen Überblick über die Geschichte, Entstehung und Merkmale sowie Vertreter der neuzeitlichen Wissenschaft und Wissenschaftstheorie und schließt mit einer Kritik des »Positivismus«. Das Buch ist eine elementare Einführung in den Themenkreis und enthält viele Illustrationen und Schaubilder.)

## Quellenverzeichnis

| | | |
|---|---|---|
| *Aristoteles* | Metaphysik | 68 |
| | Aus: Aristoteles, Metaphysik. Übers. von H. Bonitz. Reinbek: Rowohlt 1966. S. 130–132 (VI. Buch, 1. Kap.). | |
| | Nikomachische Ethik | 70 |
| | Aus: Aristoteles, Nikomachische Ethik. Übers. und kommentiert von Franz Dirlmeier. Berlin: Akademie Verlag 1967. S. 234 f. (X. Buch, 8. Kap.). | |
| *Bacon, Francis* | Das Neue Organon | 11 |
| | Aus: Bacon, Das Neue Organon. Hrsg. von M. Buhr. Berlin: Akademie Verlag 1962. S. 16f., 114–117, 122, 124, 134–137, 305 f. | |
| *Böhme, Gernot* | Wissenschaftliches und lebensweltliches Wissen am Beispiel der Verwissenschaftlichung der Geburtshilfe | 26 |
| | Aus: Böhme, Alternativen der Wissenschaft. Frankfurt/M.: Suhrkamp 1980. S. 30–33. | |
| *Brecht, Bertolt* | Das Experiment | 37 |
| | Aus: Brecht, Gesammelte Werke in acht Bänden. Bd. V. Frankfurt/M.: Suhrkamp 1967. S. 264–275. | |
| *Imhof, Arthur E.:* | Die verlorenen Welten: Alltagsbewältigung durch unsere Vorfahren – und weshalb wir uns heute so schwer damit tun | 22 |
| | Aus: Imhof, Die verlorenen Welten: Alltagsbewältigung durch unsere Vorfahren – und weshalb wir uns heute so schwer damit tun. München: C. H. Beck 1984. S. 224–230. | |

| | | |
|---|---|---|
| *Lübbe, Hermann* | Von privaten Spülmaschinen und öffentlichen Kraftwerken. Sechs notwendige Einwände gegen die rot-grüne Technikfeindschaft | 28 |
| | Aus: Lübbe, Von privaten Spülmaschinen und öffentlichen Kraftwerken. Sechs notwendige Einwände gegen die rot-grüne Technikfeindschaft. DIE WELT, Nr. 223, 25. 9. 1982. | |
| *Meyer-Abich, Klaus Michael* | Wege zum Frieden mit der Natur | 76 |
| | Aus: Meyer-Abich, Wege zum Frieden mit der Natur. Praktische Naturphilosophie für die Umweltpolitik. München: Hanser 1984. S. 19 f., 190 f., 210 f., 232 f., 234 f. | |
| *Needham, Joseph* | Der chinesische Beitrag zu Wissenschaft und Technik | 62 |
| | Aus: Needham, Wissenschaftlicher Universalismus. Über Bedeutung und Besonderheit der chinesischen Wissenschaft. Hrsg., eingeleitet und übersetzt von Tilman Spengler. Frankfurt/M.: Suhrkamp 1979. S. 114–119. | |
| *Nietzsche, Friedrich* | Die fröhliche Wissenschaft | 74 |
| | Aus: Nietzsche, Die fröhliche Wissenschaft. Werke, II. Bd., hrsg. von Karl Schlechta. München: Hanser 1958. S. 206–208 (5. Buch, § 344). | |
| *Patzig, Günther* | Erklären und Verstehen. Bemerkungen zum Verhältnis von Natur- und Geisteswissenschaften | 50 |
| | Aus: Patzig, Tatsachen, Normen, Sätze. Stuttgart: Reclam 1980. S. 45–47, 49–64. | |
| *Platon* | Charmides | 66 |
| | Aus: Platon, Charmides. Übers. von E. Martens. Stuttgart: Reclam 1977, S. 67–75 (172b–174d). | |
| *Popper, Karl R.* | Objektive Erkenntnis | 44 |
| | Aus: Popper, Objektive Erkenntnis. Ein evolutionärer Entwurf. Hamburg: Hoffmann u. Campe 1973. Text 2.2: S. 45 f., 74, 374–377; Text 2.3: S. 377–382. | |
| *Renčin, Vladimir* | Zeit für Träume | 10 |
| | Aus: DIE ZEIT, Nr. 43, 19. 10. 1979. S. 35. | |
| *Spaemann, Robert* | Unter welchen Umständen kann man noch von Fortschritt sprechen | 33 |
| | Aus: Spaemann, Philosophische Essays. Stuttgart: Reclam 1983. S. 130–133. 142–144, 148–150. | |
| *Swift, Jonathan* | Gullivers Reisen | 16 |
| | Aus: Swift, Gullivers Reisen. Übers. von F. Kottenkamp mit Illustrationen von Grandville. Frankfurt/M.: Insel Verlag 1974. S. 253–259. (C) Aufbau Verlag Berlin und Weimar | |
| *Weber, Max* | Wissenschaft als Beruf | 71 |
| | Aus: Weber, Gesammelte Aufsätze zur Wissenschaftslehre. Tübingen: J. C. B. Mohr 1922. S. 535–537, 549 f. | |
| *Weizsäcker, Carl Friedrich von* | Wissenschaft und Menschheitskrise | 80 |
| | Aus: Weizsäcker, Der bedrohte Friede. Politische Aufsätze 1945–1981. München: Deutscher Taschenbuch Verlag 1983. S. 559–568. | |

# Register

Das Register enthält Fremdwörter, Eigennamen und Fachtermini, soweit sie nicht aus dem Textzusammenhang erschließbar oder im Informationsteil angegeben sind. Die Angaben beziehen sich lediglich auf die Bedeutung der Begriffe, wie sie im Text verwendet werden, und müssen im Einzelfall durch Hinzuziehen von Lexika ergänzt werden. Das Zeichen »↗« verweist auf Stellen im Register.

**absorbieren:** aufsaugen
**Adäquatheit:** Angemessenheit
**affektiv:** das Gemüt, die Sinne betreffend
**akkumulieren:** anhäufen, ansammeln
**akzidentiell:** ↗ substantiell
**Anthropomorphismus:** Vermenschlichung; Begriffe oder Theorien, die vermenschlichende Vorstellungen auf nicht-menschliche Bereiche übertragen
**Anthropokratie:** Herrschaft des Menschen
**apologetisch:** (sich) verteidigend
**authentisch:** echt, glaubwürdig
**Aversion:** Ablehnung, Feindlichkeit
**Beri-Beri:** singalesisch, Krankheit durch Mangel an Vitamin $B_1$
**cartesisch:** nach dem französischen Mathematiker und Philosophen René Descartes (1596–1650); mit seiner Trennung von »res cogitans« (denkende Substanz) und »res extensa« (ausgedehnte Substanz) hat er eine Trennung von Natur- und Geisteswissenschaften vorbereitet
**Darmkatarrh:** (leichte) Darmentzündung
**Deduktion:** Ableitung
**desavouieren:** verleugnen, ungültig machen
**Diskontinuität:** Unterbrechung
**Don-Quixoterie:** weltferne Träumerei, nach der Romangestalt in Cervantes' »Don Quijote« (1605–1615)
**Emblematik:** Kennzeichnung
**empirisch:** erfahrungsmäßig, auf Erfahrung bezogen
**Endymion:** Sohn des Zeus, erhielt von ihm auf seine Bitte hin ewigen Schlaf, verbunden mit Unsterblichkeit und ewiger Jugend
**Euphorie:** Begeisterung
**Evidenz:** völlige Klarheit
**Evolution:** Entwicklung
**Extrapolation:** Berechnung einer Funktion, von der einige Werte bekannt sind, außerhalb des gegebenen Intervalls
**falsifizieren:** als falsch erweisen, widerlegen
**Gauss, Karl Friedrich:** deutscher Mathematiker und Astronom (1777–1855)
**Generalisation:** Verallgemeinerung
**Gutenberg:** lebte von 1394/99–1468, Erfinder des (europäischen) Buchdrucks mit beweglichen Lettern, druckte 1455 in Mainz die berühmt gewordene 42-Zeilen-Bibel
**hegemonial:** den Führungsanspruch betreffend
**Helmholtz, Hermann von:** deutscher Physiker und Philosoph (1821–1894)
**Hermeneutik:** Kunst der Auslegung von Texten (vom griechischen Götterboten Hermes abgeleitet, der den Menschen die göttliche Rede übermittelt)
**heuristisch:** das Auffinden bezweckend
**Hume, David:** englischer Philosoph (1711–1776), der die Erkenntnis aus der sinnlichen Erfahrung ableitet
**Induktion:** Hinführung vom Einzelnen zum Allgemeinen
**induzieren:** einführen, erzeugen

**internalisieren:** verinnerlichen
**irreversibel:** unumkehrbar
**Kassandra:** Tochter des trojanischen Königs Priamos; nach der Sage wurde ihr die Gabe der Weissagung zugesprochen, doch wurden ihre Warnrufe (»Kassandrentöne«), daß Troja erobert werden würde, nicht beachtet
**kohärent:** zusammenhängend
**Konditionierung:** Ausrichtung (menschlichen) Verhaltens nach mechanischen Ursachen im Gegensatz zu einem Handeln nach bewußten Zwecken
**Kurat:** Hilfspriester
**merkantil:** kaufmännisch
**Nassauer-Prinzip:** auf Kosten anderer Leute leben
**nichtcartesisch:** ↗ cartesisch
**Normannen:** auch Wikinger genannt; die dänischen Normannen eroberten im 11. Jahrhundert England (1066 Wilhelm der Eroberer)
**okzidental:** westlich
**Ortega y Gasset:** spanischer Philosoph (1883–1955)
**Ostwald, Wilhelm:** Naturwissenschaftler und Kulturphilosoph (1853–1932)
**Parabel:** Gleichnis
**Paradigma:** Muster, Vorbild
**polis:** griechisch, Stadtstaat
πολύτροποι **(polýtropoi):** griechisch, die Vielgewandten, Listenreichen, Verschlagenen
**pragmatisch:** auf das Handeln bezogen
**prekär:** unsicher, mißlich
**Ressource:** Hilfsmittel
**Salomo:** König Israels (971–929 v. Chr.), Weiser und Dichter (Psalmen, das Hohelied, Sprüche)
**Satisfaktion:** Befriedigung, Zufriedenheit
**schizophren:** bewußtseinsgespalten
**singulär:** besonders, einzeln
**spirituell:** geistig
**substantiell – akzidentiell:** wesentlich – unwesentlich
**Symbiose:** Verbindung
**sympathetisch:** mitfühlend
**synthetisch:** zusammengesetzt, künstlich
**Tao:** chinesisch, Weg; bei Konfuzius die vernünftig-ethische Weltordnung, bei Laotse das höchste Welt- und Naturprinzip
**Teleskop:** griechisch, Bezeichnung für Fernrohr
**Verifikation:** Überprüfung (Bestätigung) des Wahrheitsgehalts einer Aussage
**wegsäkularisieren:** durch den Prozeß der Säkularisation (Verweltlichung) etwas wegerklären
**zweckrational:** auf einen bestimmten, vorgegebenen Zweck bezogen

## Materialien für den Sekundarbereich II
## Philosophie

### In dieser Reihe sind weiterhin erschienen:

| | |
|---|---|
| Ekkehard Martens u. a. | **Diskussion – Wahrheit – Handeln**<br>Best.-Nr. 10240 |
| Wolfgang H. Pleger u. a. | **Das Interesse an Freiheit**<br>Best.-Nr. 10241 |
| Wolf Deicke u. a. | **Richtig oder falsch?**<br>Philosophische Fragen zur Logik<br>Best.-Nr. 10242 |
| Norbert Herold /<br>Wolfgang H. Pleger u. a. | **Was sollen wir tun?**<br>Probleme der Ethik<br>Best.-Nr. 10243 |
| Gisela Raupach-Strey/<br>Ute Siebert u. a. | **Sprache in Praxis und Theorie**<br>Best.-Nr. 10244 |
| Norbert Tholen / Annegrit<br>Brunkhorst-Hasenclever u. a. | **Wohin mit der Religion?**<br>Aspekte der Religionsphilosophie<br>Best.-Nr. 10245 |
| Ekkehard Martens | **Was heißt Glück?**<br>Best.-Nr. 10246 |
| Günther Bien /<br>Hans-Jürgen Busch | **„Was ist der Mensch?"**<br>Aspekte philosophischer Anthropologie<br>Best.-Nr. 10247 |
| Bernd Anton / Annegrit<br>Brunkhorst-Hasenclever | **Das Schöne und die Kunst**<br>Über Ästhetik<br>Best.-Nr. 10248 |
| Gisela Raupach-Strey /<br>Ute Siebert | **Philosophieren anfangen**<br>Best.-Nr. 10290 |
| Johannes Rohbeck /<br>Gerhard Voigt | **Nachdenken über die Geschichte**<br>Texte und Fragen zur Geschichtsphilosophie<br>Best.-Nr. 10291 |
| Günther Bien /<br>Hans-Jürgen Busch | **Staatsbürger – Bürgerstaat?**<br>Aspekte und Probleme der Staatsphilosophie<br>Best.-Nr. 10292 |

## Schroedel Schulbuchverlag